新版 なぞとき恐竜大行進 ⑫

たかしよいち 文
中山けーしょー 絵

パラサウロロフス

なぞのトサカをもつ恐竜

理論社

もくじ

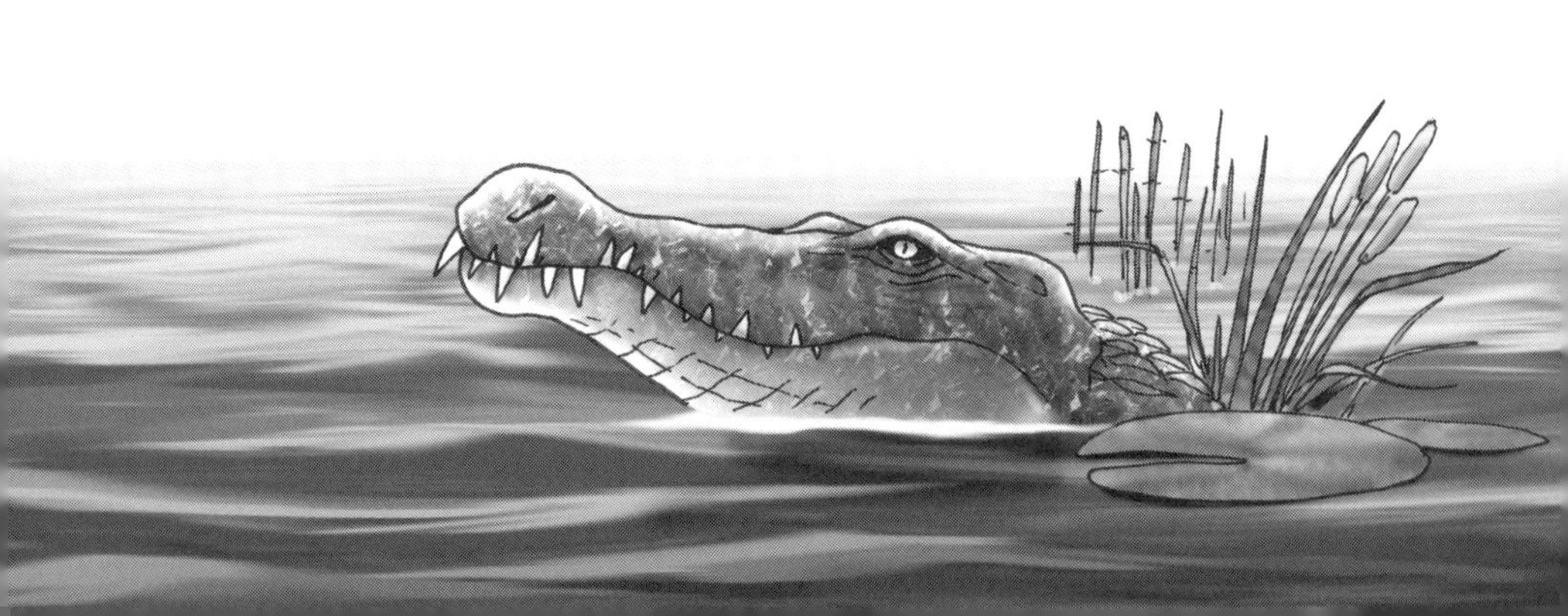

←この角をパラパラめくると
ページのシルエットが動くよ。

ものがたり

およげ！ちびパラくん

水《みず》およぎのれんしゅうだ

ブクブクブクブク……。
水中《すいちゅう》に水《みず》のあわ。

「クワーッ」

ちびはなんだか苦《くる》しくなって、
いそいで水《みず》の中《なか》から、首《くび》をつき出《だ》した。
とたんに、しっぽを、ぎゅっと
ひっぱられて、ちびはふたたび水《みず》の中《なか》へ。

とうちゃんが、ちびのしっぽを
くわえて、水《みず》の中《なか》へひきずりこんだのだ。
この、親子《おやこ》のきょうりゅうの名《な》まえは、
パラサウロロフス。りゃくして「パラ」の
親子《おやこ》とよぶことにしよう。ちびのほうが
「ちびパラ」、とうちゃんが「パパパラ」だ。
ちびパラはなまけもの。ねころんでばかりいて、
ちっとも水《みず》およぎのれんしゅうをしないので、
パパパラはおこった。
かあちゃんのママパラにまかしておいてはだめだ。

いっちょう、このおれがしごいてやる、というわけで、
パパパラはちびパラをつかまえて、目《め》の前《まえ》のみずうみへほうりこんだ。

「グワッ、グワグワッ！（いいか、きょうから、およぎのとっくんだ。なまけたら、しょうちしないぞ！）」

パパパラは、ちびパラの頭《あたま》を、ひらべったい口先《くちさき》で、コツン！　と、つついた。

「グワ！（いてえっ！）」

「グワグワ！（さあ、おれのあとに、ついてこい）」

パパパラは先《さき》にたって、水《みず》の中《なか》を、すいー、

すいーと、およいでいく。

ちびパラは、パパパラのあとについておよいだ。
広《ひろ》い広《ひろ》いみずうみの岸《きし》では、ママパラやなかまの
パラサウロロフスたちが、パパパラの
とっくんぶりを、たのもしそうにながめていた。
（ちっ、おれは水《みず》およぎなんて、きらいだ。
なんで、水《みず》の中《なか》にはいらなきゃいけないんだ）
ちびパラは、ふくれっつらをしながら、しかたなく、
パパパラにならって、およぎのれんしゅう。
「グヮア！（敵《てき》が来《き》たら、思《おも》いっきり水《みず》の中《なか》へもぐれ、
頭《あたま》がかくれるくらい、もぐるんだ！）」

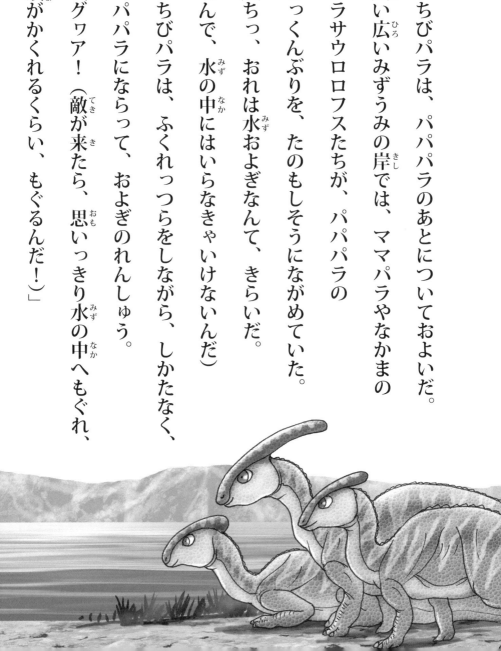

パパパラはそういって、自分《じぶん》からもぐってみせた。
からだを、水《みず》の中《なか》へすっかりかくすことで、
おそってきた相手《あいて》の目《め》をくらますことができる――
パパパラは、そんなことをちびパラに教《おし》えたのだ。
だが、それはなかなかむずかしい。いっきには
できない。ちびパラはこわくて、からだがぶるぶる
ふるえた。

ブクブクブクブク……。
パパパラが、もぐった。
ブクブクブクブク……。

ちびパラがもぐった。

ちびは水《みず》がきらいだから、すぐに水《みず》の上《うえ》に頭《あたま》を出《だ》す。そのたびにパパパラは、ちびのしっぽをつかまえて、水《みず》の中《なか》にひきずりこんだ。

なんどか、そんなことをくりかえしているうちに、ちびはどうにか、もぐりができるようになった。

「グワー（いいか、水《みず》の中《なか》では、ちゃんと目《め》をあけるんだ）」

パパパラはちびパラにいった。ちびパラは、きらいな水《みず》の中《なか》では、しっかり目《め》をつぶっていたが、パパパラにいわれて、おそるおそる目《め》をあけた。

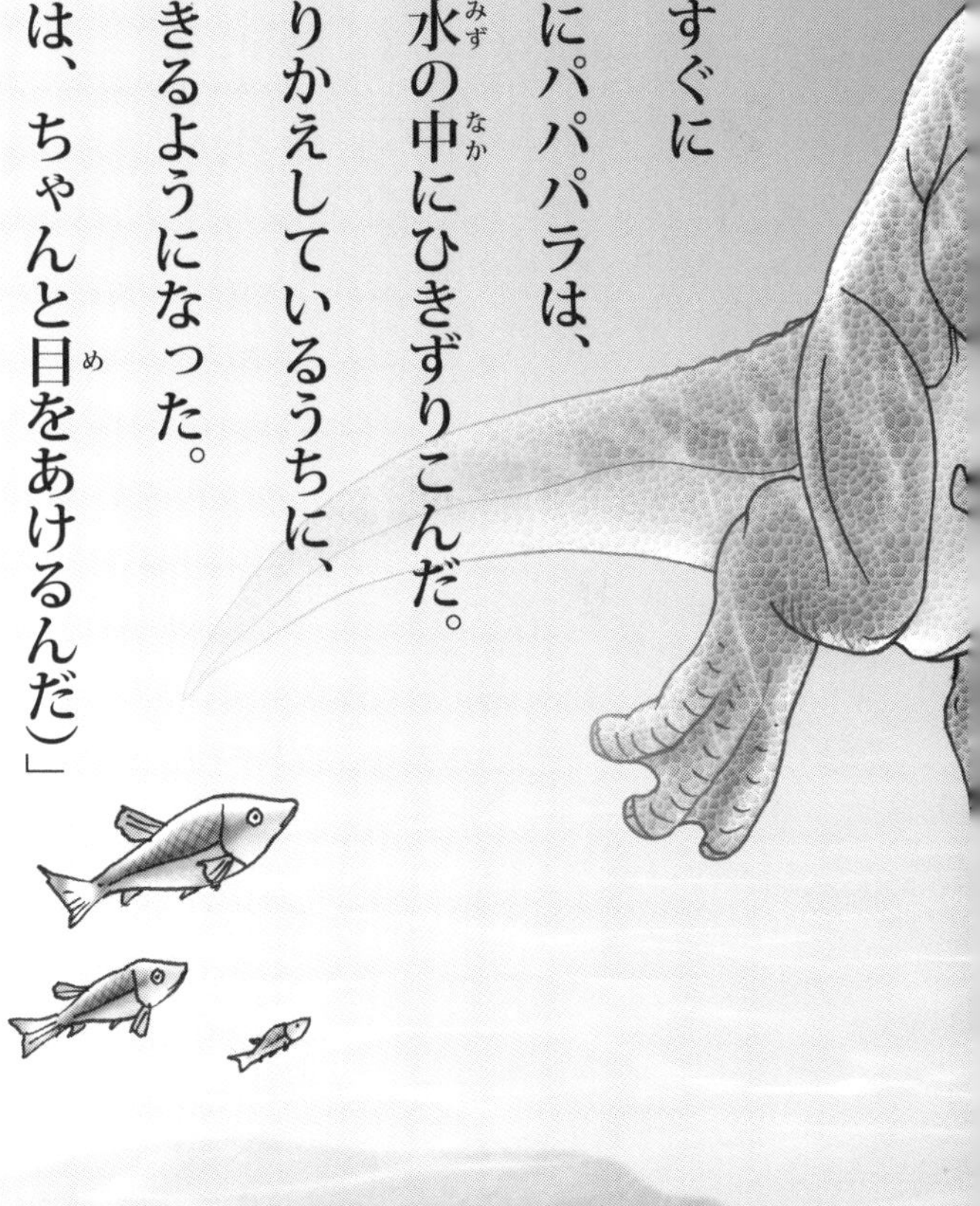

ふわーっ、見《み》える見《み》える。ゆらゆらゆれる水草《みずくさ》、すいすいおよぎまわる魚《さかな》たち。

ちびパラは、なんだか楽《たの》しくなって、小魚《こざかな》たちを追《お》っかけ、ふかい水《みず》の中《なか》へ、どんどんおよいでいった。

小魚《こざかな》たちは、びっくりして、ぱっと四方《しほう》にとびちった。

「へっへっへっ……ちびパラさまのお通《とお》りだぞ！」

とでもいうように、ちびは大《おお》いばりだ。

すると、水草《みずくさ》のしげみから、とつぜん大《おお》きな口《くち》が、ちびパラめがけて、パクッ！

ちびパラは、ギョッとしてとびのいた。

そいつは、ちびパラの二倍《ばい》はありそうな、でっかい魚《さかな》。
そのクワッッ！ と開《ひら》いた大口《おおぐち》を見《み》ただけで、
ちびはからだじゅうがしびれた。

ちびパラは、大《おお》あわて。

くわばらくわばら。水《みず》の中《なか》だからって、あんしんできないぞ。ちびパラは、やっと気《き》がついた。

ダスプレトの殺《ころ》し屋《や》が来《き》た！

パパパラとちびパラが、みずうみでおよいでいると、向《む》こうから、でっかいやつが、せわしそうにやって来《き》た。

せなかにこうらをのせた、ジャンボガメの

アーケロンだ。 こうらの長《なが》さだけで、
四メートルはある。
アーケロンは、 いまのカメの
ように、 首《くび》や手足《てあし》をこうらの中《なか》に
ひっこめることはできない。

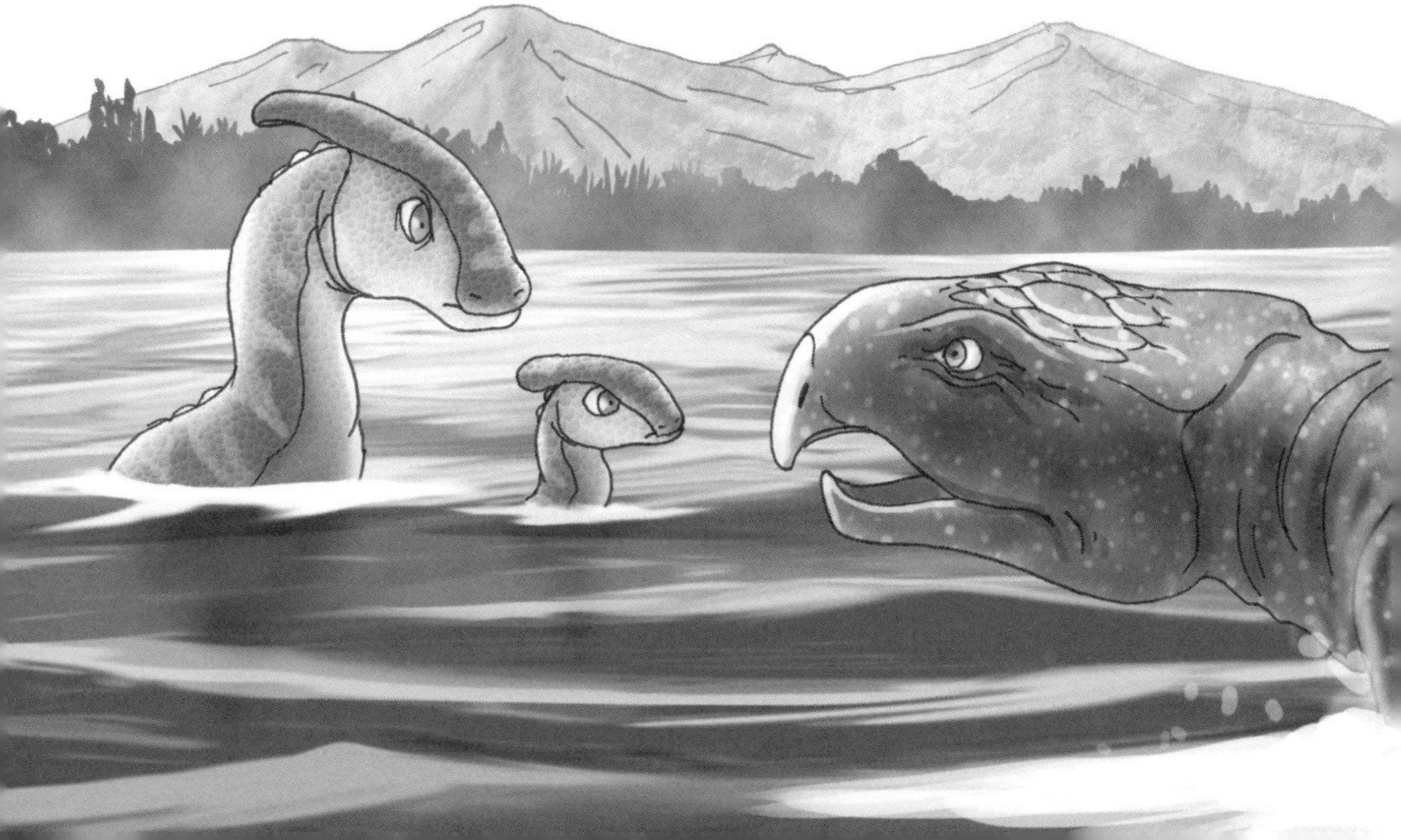

「プワプワプワプワ……」

アーケロンは、パパパラの耳《みみ》もとで、首《くび》をふりふり、なにやらささやいた。

「岸《きし》の近《ちか》くには、デイノスクスのやつがうろついてるから、注意《ちゅうい》しな」

アーケロンのじいさんは、そんなことをいったのだ。デイノスクスというのは、からだの長《なが》さが一五メートルもある、おばけワニだ。

「ありがとうよ。せいぜい気《き》をつけるよ！」

パパパラは、アーケロンじいさんに、
おれいをいい、
「さあ、きょうはこれまでだ。
早《はや》く岸《きし》にあがれ」
と、ちびパラにいった。
「グワー（とうちゃん、おれまだ
およいでいたいよ）」
「グワッ！　グワグワッ！（だめだめ、
さっさとあがれ。デイノスクスに食《く》われても
いいのか）」

パパパラは、おこった声《こえ》でいった。おとなって、なんて勝手《かって》なんだ。さっきまでは、およげおよげと、水《みず》の中《なか》にひっぱりこんでおきながら、こんどは、およぎをやめて早《はや》くあがれだって……まったくおかしいよ。

ちびパラはそう思《おも》った。だが、さからうとまた頭《あたま》をコツン！　とやられるから、さからったらそんだ。

ちびパラは、いわれるままに、ママパラたちのいる、みずうみの岸《きし》へ向《む》かった。ところが二ひきが、岸《きし》にあとすこしというとき、岸《きし》では、どえらいことがおこった。

水《みず》べの草《くさ》むらで、からだを休《やす》めているパラサウロロフスたちをねらって、ダスプレトサウルスが、こっそりとしのびよってきたのだ。

ダスプレトサウルスは、からだはティラノサウルスより小《ちい》さいが、ゴルゴサウルスによくにていて、とても気性《きしょう》のはげしい、らんぼうものの肉食《にくしょく》きょうりゅうだ。でっかい口《くち》には、えものをひきさく、するどいきばがならんでいる。

ダスプレトサウルスは、風下《かざしも》からしげみをつたって、こっそりこっそり、足音《あしおと》をしのばせて、近《ちか》づいてきた。

ああ、いかん！　いかん！

パラサウロロフスたちは、

みずうみのほうにばかり目《め》を向《む》けて、ダスプレトサウルスのやつがしのびよってくるのに、気《き》がつかないでいるんだ。

「グアーッ！（にげろ！）」

パパパラが、みずうみのほうから、大声《おおごえ》でどなった。

その声《こえ》に、岸《きし》べにいたパラサウロロフスのなかまたちは、いっせいに、水《みず》の中《なか》へとびこんだ。

いけない！　すこしはなれたしげみの中《なか》で、ひるねを

していた、子《こ》どもが二ひき、にげおくれた。

グオーッ！

ダスプレトサウルスは、すごいうなり声《ごえ》をあげて、子《こ》どもを追《お》っかけた。子《こ》どもは、みずうみに向《む》かって、けんめいに走《はし》る。

ダスプレトサウルスはジャンプした。そして子《こ》どもをつかまえようとした。だが、そのときだ。水《みず》の中《なか》にいた子《こ》どものかあちゃんが、水《みず》からはい出《だ》してきて、ダスプレトサウルスにとびついた。

ガシーン！

二つのからだが、はげしくぶつかった。でっかいからだのかあちゃんも、ダスプレトサウルスのからだも、ともにはねとんだ。

ジャブーン！

水《みず》しぶきをあげ、ダスプレトサウルスは、みずうみの中《なか》へ落《お》ちた。

およげないダスプレトサウルスは、あわてて水《みず》からはい出《だ》そうとした。

だが、パラサウロロフスのほうだって、じっとしていない。

パパパラは、岸《きし》にはいあがろうとする
ダスプレトサウルスのしっぽをくわえて、
力《ちから》まかせにひっぱった。
「グワーッ！」
ひめいもろとも、相手《あいて》のからだは
水《みず》の中《なか》へ、ズズズズ、ズーン！

「このやろうめ！　ただじゃおかんぞ」

水《みず》の中《なか》ににげた、パラサウロロフスのなかまたちは、水《みず》にはいり、じたばたもがく、ダスプレトサウルスの手足《てあし》をひっぱり、はらにかみつき、のどにくらいついた。

ちびパラときたら、そいつの鼻《はな》っつらを、力《ちから》まかせにガブリ！　とかんだ。

「クーッ！」

さすがのあばれんぼうも、水《みず》の中《なか》ではどうにもならない。ガブガブ水《みず》を飲《の》み、息《いき》がつまって、たちまちおぼれ死《し》んだ。

「やった、やったあ！」

パラサウロロフスのなかまたちは、いつもひどい目《め》にあっていた、ダスプレトサウルスをやっつけて、みんな大《おお》よろこびだ。

首《くび》を高《たか》く空《そら》にのばし、勝利《しょうり》のラッパをふき鳴《な》らした。

ププププププ……。

ププププププ……。

頭《あたま》の上《うえ》から長《なが》くとび出《だ》した、パラサウロロフスの鼻《はな》のラッパが、晴《は》れわたった空《そら》に、鳴《な》りひびいた。

頭《あたま》の上《うえ》のトサカは、だてやかざりにあるんじゃない。なかまたちをよびあつめたり、あいずをしたりするときにも使《つか》う、ラッパの役目《やくめ》もするんだぞ。

「グヮグヮグヮ（さあみんな、こんなところはおさらばだ。あっちの岸《きし》へ行《い》こうぜ）」

パパパラは、なかまに向《む》かってよびかけた。

パパパラは、パラサウロロフスのむれのかしらだ。

「行《い》こう、行《い》こう！」

なかまたちは、パパパラのあとにつづいて、広《ひろ》い広《ひろ》いみずうみの中《なか》を、反対《はんたい》の岸《きし》べに向《む》けておよいでいった。

向《む》こう岸《ぎし》にはきっと、おいしい草《くさ》のしげみがあるはずだ。

デイノスクスが来《き》たぞ！

「グワグワグワ（デイノスクスには気《き》をつけろよ。やつがまた、このあたりをうろついているらしいからな！）」

パパパパラは、なかまたちにいった。

パラサウロロフスたちは、みずうみや大《おお》きな川《かわ》をわたるときは、先頭《せんとう》のなんびきかが、ときどき水《みず》の中《なか》にもぐって、ようすを見《み》ながら進《すす》む。

いつなんどき水中《すいちゅう》から、おそろしい敵《てき》が、おそってこないともかぎらないからだ。
子《こ》どもは、みんな、かあちゃんに守《まも》られ、かあちゃんのあとについてわたる。

それなのに、ちびパラときたら、パパパラのとっくんをうけて、およぎやもぐりが、すこしばかりうまくなったのをいいことに、なかまのいちばんうしろを、ひとりでわたっていた。

ちびパラはとくいになって、水《みず》の中《なか》にもぐった。魚《さかな》たちが水《みず》の中《なか》を、あっちにこっちにと、およいでいる。

「やいやいやい、ちびパラさまのお通《とお》りだぞ。どけどけ、どけえーっ！」

ちびパラはいい気《き》になって、小魚《こざかな》たちを追《お》いまわした。そのうち、気《き》がついてみたら、なかまのかげは、どこにもない。

しまった！

ちびは、いそいで水《みず》の上《うえ》に頭《あたま》を出《だ》した。ところが、まわりはすごい雨《あめ》。すっかりけぶって見《み》えない。

「グワグワグワ（とうちゃーん、かあちゃーん！）」

ちびパラはさけんだが、どこからもへんじがない。

ちびパラは、また水中《すいちゅう》にもぐってみた。
と、そのとき、向《む》こうから、黒《くろ》い長《なが》い
大《おお》きなものが、ずんずん、こっちへ
向《む》かっておよいでくるのが見《み》えた。

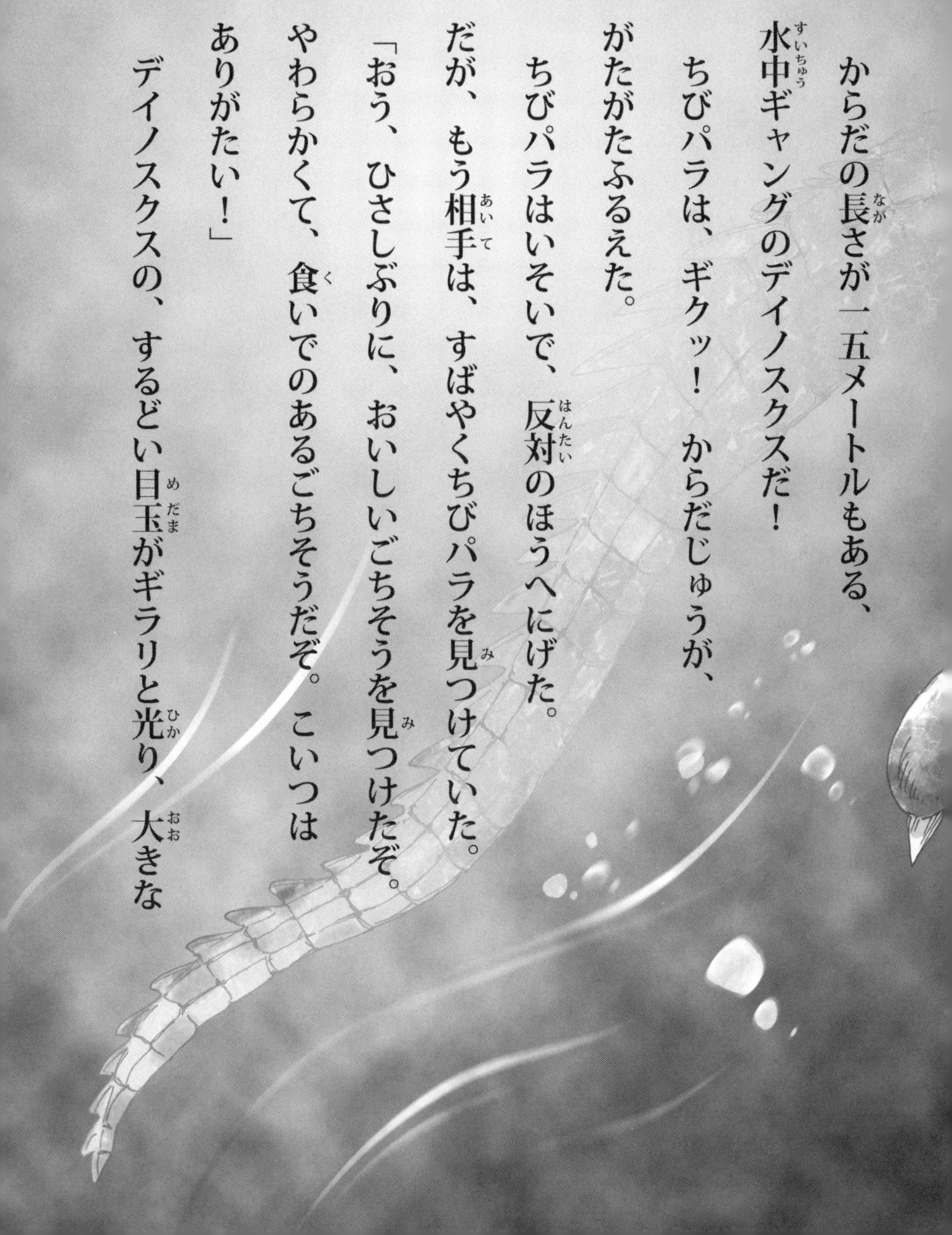

からだの長《なが》さが一五メートルもある、水中《すいちゅう》ギャングのデイノスクスだ！

ちびパラは、ギクッ！　からだじゅうが、がたがたふるえた。

ちびパラはいそいで、反対《はんたい》のほうへにげた。

だが、もう相手《あいて》は、すばやくちびパラを見《み》つけていた。

「おう、ひさしぶりに、おいしいごちそうを見《み》つけたぞ。やわらかくて、食《く》いでのあるごちそうだぞ。こいつはありがたい！」

デイノスクスの、するどい目玉《めだま》がギラリと光《ひか》り、大《おお》きな口《くち》をバクッ！　とひらいた。そして、ちびパラめがけて、まっすぐに水中《すいちゅう》をつっ走《ぱし》ってきた。

もしそのとき、あのアーケロンじいさんがあらわれなかったら、ちびパラは、あっというまに殺《ころ》し屋《や》につかまり、食《た》べられてしまったにちがいない。

殺《ころ》し屋《や》が、ちびのすぐうしろにせまり、大《おお》きな口《くち》をパクッとあけて、ちびパラに食《く》いつこうとしたとき、ななめ横《よこ》から、大《おお》きなかげが、さっととびこんできた。

アーケロンだ。アーケロンのじいさんが、いまにもちびパラに食《く》いつこうとした、

殺《ころ》し屋《や》デイノスクスの頭《あたま》に、ガクーン！

と、体《たい》あたりをくらわせたのだ。

いっしゅん頭《あたま》がクラクラッとし、目《め》まいをおこした殺《ころ》し屋《や》は、すぐに気《き》をとりなおして、じゃまもののアーケロンを追《お》っかけはじめた。

アーケロンは、からだはでっかいが、およぎはうまい。

広《ひろ》い水中《すいちゅう》を、上《うえ》に下《した》に、ななめに横《よこ》にと、自由《じゆう》じざいに、およいでにげた。

頭《あたま》に血《ち》がのぼった殺《ころ》し屋《や》は、ひっしでアーケロンを追《お》った。が、たちまち、すがたを見《み》うしなってしまった。

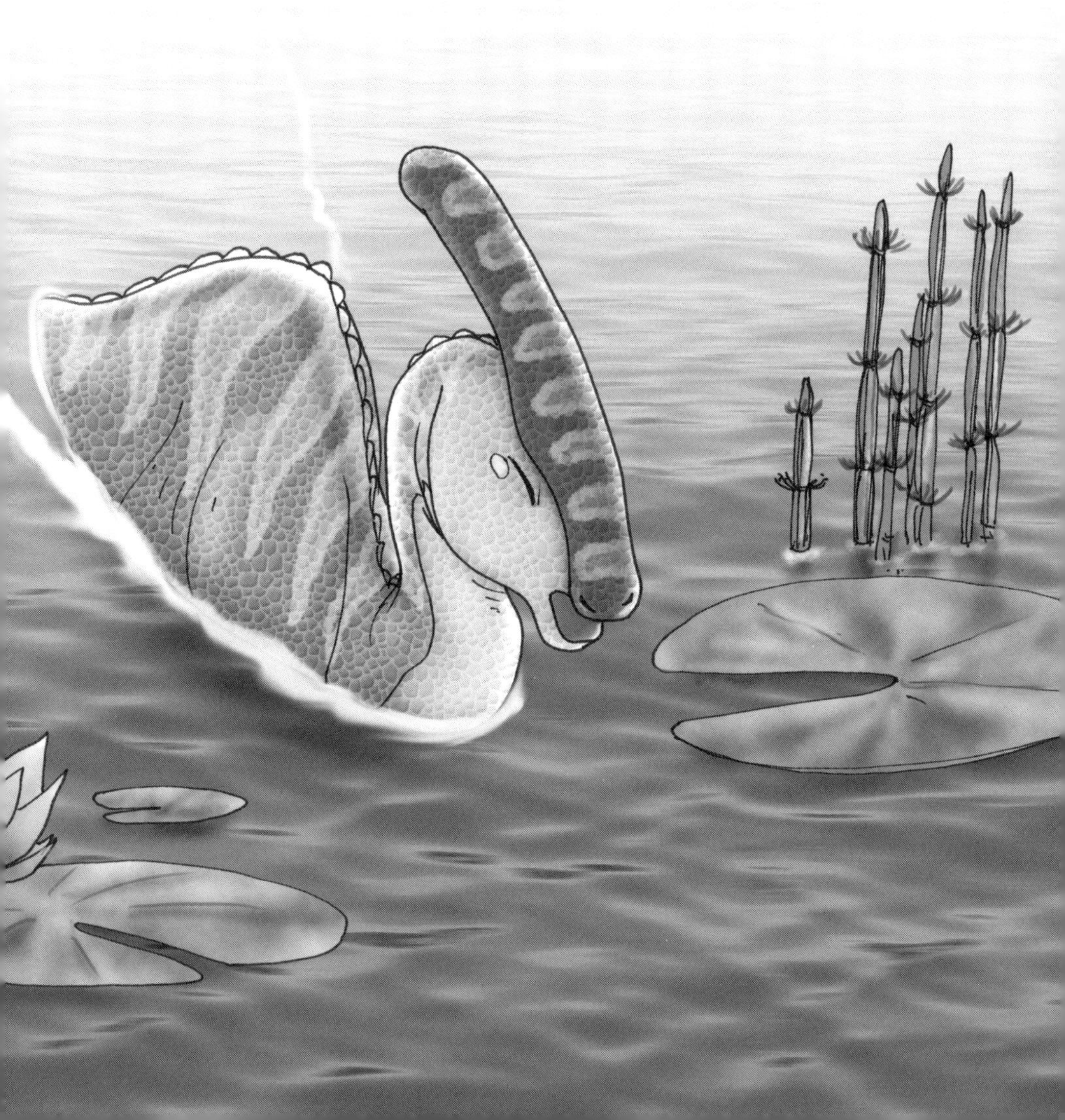

そのあいだにちびパラは、岸《きし》べをめざして、いのちがけでおよいでいった。あんなにおそろしい目《め》にあったのは、はじめてだ。これからはぜったいに、パパパラやママパラのいうことを聞《き》こう。ちびパラは、そんなことを思《おも》いながら、岸《きし》べをめざした。

やがて、雨《あめ》のあがった向《む》こうに、緑《みどり》の木《き》のしげる岸《きし》が見《み》えた。

「ああ、よかった。たすかった！」

ちびパラは、ほっとひとあんしん。きっと、とうちゃんやかあちゃんたちは、しんぱいしているだろう……。

とうちゃんからまた、コツンと頭《あたま》に一発《ぱつ》くらうだろう……。だけど、おれがわるいんだ。くらっても、しかたがない。

コリトサウルスがいた

グワーッ！　岸《きし》べの草《くさ》むらでは、近《ちか》づいてきたちびパラを見《み》つけて、声《こえ》がした。

だが、おや？　……それは、ちびパラのなかまのパラサウロロフスじゃない。からだつきはよくにているが、頭《あたま》のかっこうがちがう。

頭《あたま》のてっぺんには、とんがりぼうはない。
まるでヘルメットをつけたような、
かっこうをしたきょうりゅうだ。
そいつの名《な》はコリトサウルス。

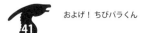

「グワグワッ！（やれやれ、どうも、まいごのパラサウロロフスのようだな）」

コリトサウルスたちは、岸《きし》べにおよぎついたちびパラのところへかけよってきた。

ちびパラは、コリトサウルスにかこまれ、なきだしそうな顔《かお》で、おろおろ、どきどき、

「グワーッ！（かあちゃん）」と、ないた。

「グワグワグワ……（よしよし。きっと、みずうみをわたるとちゅうで、まいごになったのね。しんぱいしなくていいよ。

わたしたちが、なかまをさがしてあげるからね）」

やさしい、めすのコリトサウルスが、ちびパラの鼻《はな》づらを、ペロペロなめて、なぐさめてくれた。

子《こ》どものコリトサウルスたちは、ものめずらしそうに、ちびパラをながめていたが、そのうちに一ぴきが、やわらかくておいしい水《みず》べの草《くさ》をくわえて、ちびパラのほうへさし出《だ》した。

「グワ！（さあ、なかないで、お食《た》べ！）」

と、そこへ、のそのそ、のそのそ、アーケロンのじいさんが、水《みず》の中《なか》からはいだしてきた。

「いた、いた。わんぱくぼうずを、やっと見《み》つけたぞ」

アーケロンのじいさんは、そういいながら、みんなのところへやって来《き》た。

「みなさんごくろうさん。このちびはね、あっちの岸《きし》にいる、パラサウロロフスのなかまの、まいごだよ。あぶなくデイノスクスに、食《た》べられそうになったのを、このわしが見《み》つけてね。

わしが、なかまのところへ、つれてってあげるよ」

「そりゃ、ありがたい。ぜひ、そうねがいたいね」

コリトサウルスたちは、みんなほっとした。

「さあ、ぼうや、わしの背中《せなか》に乗《の》りな。みんなのところへ、つれてってやるよ。だが、いいかい。これからけっして、自分勝手《じぶんかって》はいけないよ」

そういいながら、アーケロンのじいさんは、ちびパラを背中《せなか》に乗《の》せた。

「グァー（ありがとう）」

ちびパラは、コリトサウルスたちとじいさんに、おれいをいい、じいさんの背中《せなか》に乗《の》った。

広《ひろ》い広《ひろ》いみずうみを、ちびパラを乗《の》せたアーケロンのじいさんは、すーっ、すーっと、すべるようにおよいでいく。

（早《はや》く、とうちゃんやかあちゃんにあいたい）

ちびパラは、そんな思《おも》いでいっぱいだ。だが、きっと、とうちゃんの、おしおきの一発《ぱつ》が、待《ま》っているだろう。

なぞとき
カモノハシリュウのなかまたち

カモノハシリュウのすがた

やんちゃな「ちびパラ」、パラサウロロフスのものがたりはいかがでしたか。

ものがたりにつづいて、パラサウロロフスをはじめ、この本《ほん》に登場《とうじょう》したきょうりゅうやそのほかの生《い》きものたちについてお話《はなし》を進《すす》めましょう。

パラサウロロフスは、たくさんいるきょうりゅうの中《なか》では、「カモノハシリュウ」（ハド

カモノハシリュウとカモノハシ。大《おお》きさはずいぶんちがいます。

ロサウルス科《か》）にぞくしています。

カモノハシリュウは、その名《な》のように、口《くち》の形《かたち》が、オーストラリアにいる動物《どうぶつ》のカモノハシに似《に》ているところから名《な》づけられました。しかし口《くち》の中《なか》には、ちゃんと歯《は》がありました。たとえば、カモノハシリュウのなかま、サウロロフスの上下《じょうげ》のあごには、まるでクシの歯《は》をならべたような、二〇〇〇本《ぼん》の歯《は》がありました。

うしろ足《あし》はたくましく、太《ふと》くてじょうぶな尾《お》によってささえられていました。古生物学《こせいぶつがく》

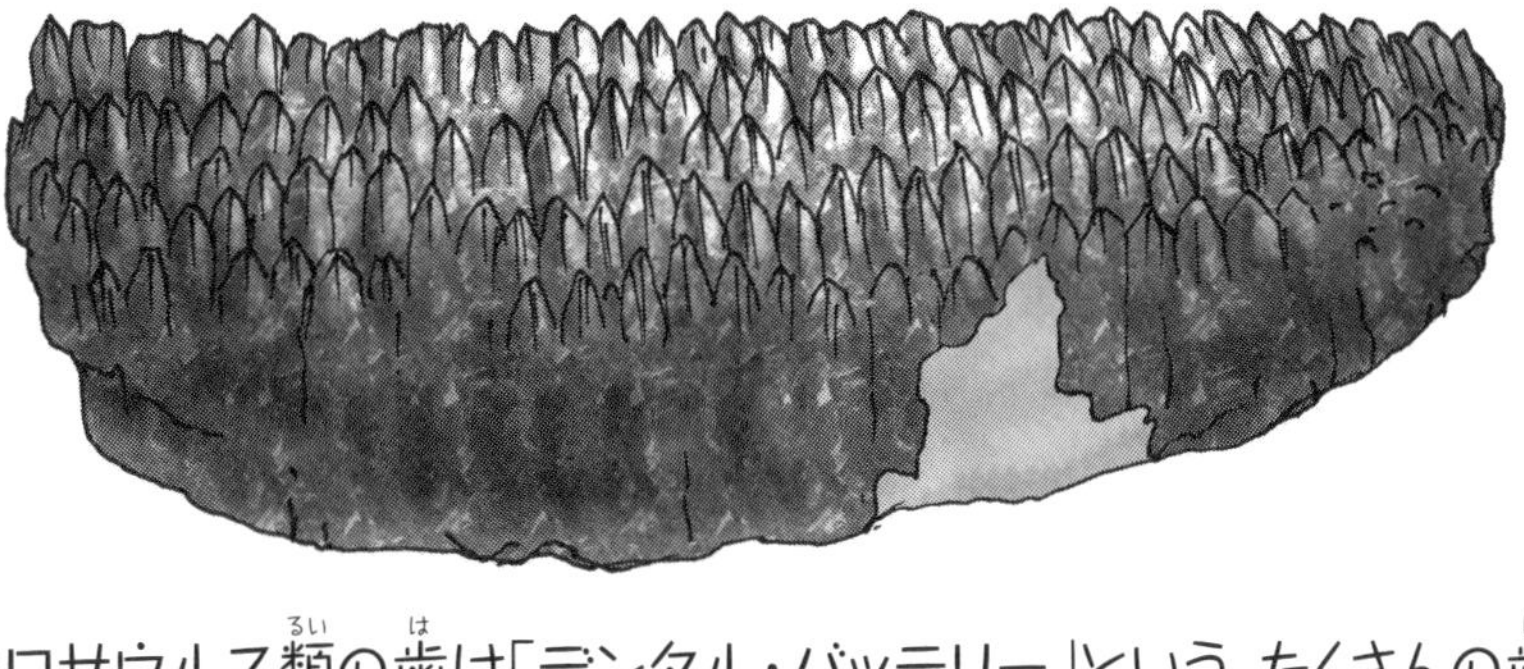

ハドロサウルス類《るい》の歯《は》は「デンタル・バッテリー」という、たくさんの歯《は》が集《あつ》まった形《かたち》をしています。上《うえ》の歯《は》がすりへると、下《した》からはえてきた新《あたら》しい歯《は》に次々《つぎつぎ》と入《い》れ替《か》わり、いつでも効率《こうりつ》よく植物《しょくぶつ》をかみくだけました。

者《しゃ》の中《なか》には、この尾《お》は水中《すいちゅう》でおよぐときに、かいの役目《やくめ》をはたしたのではないか、という人《ひと》もいました。

うしろ足《あし》にくらべて前足《まえあし》はひじょうに小《ちい》さくてみじかく、木《こ》の葉《は》などをつかむときに使《つか》ったと思《おも》われます。

カモノハシリュウには、頭《あたま》のてっぺんがたいらになっているものと、中《なか》がパイプのようにからになったつのや、ヘルメットのようなトサカをつけた二つの種類《しゅるい》がいました。

たいらな頭《あたま》のものには、ハドロサウルス、

エドモントサウルス（トラコドンともいう）、マイアサウラ、シャントゥンゴサウルス（「山東《さんとう》のトカゲ」の意《い》）などがいます。

そのなかでマイアサウラについては、このシリーズの一さつ『マイアサウラ』に、くわしく書《か》いてあるので、そちらをごらんください。

シャントゥンゴサウルスは、一九八八年《ねん》の夏《なつ》に岐阜県《ぎふけん》でひらかれた「岐阜中部未来博覧会《ぎふちゅうぶみらいはくらんかい》」のときに、全身《ぜんしん》の化石《かせき》が展示《てんじ》され、入場者《にゅうじょうしゃ》をびっくりさせました。

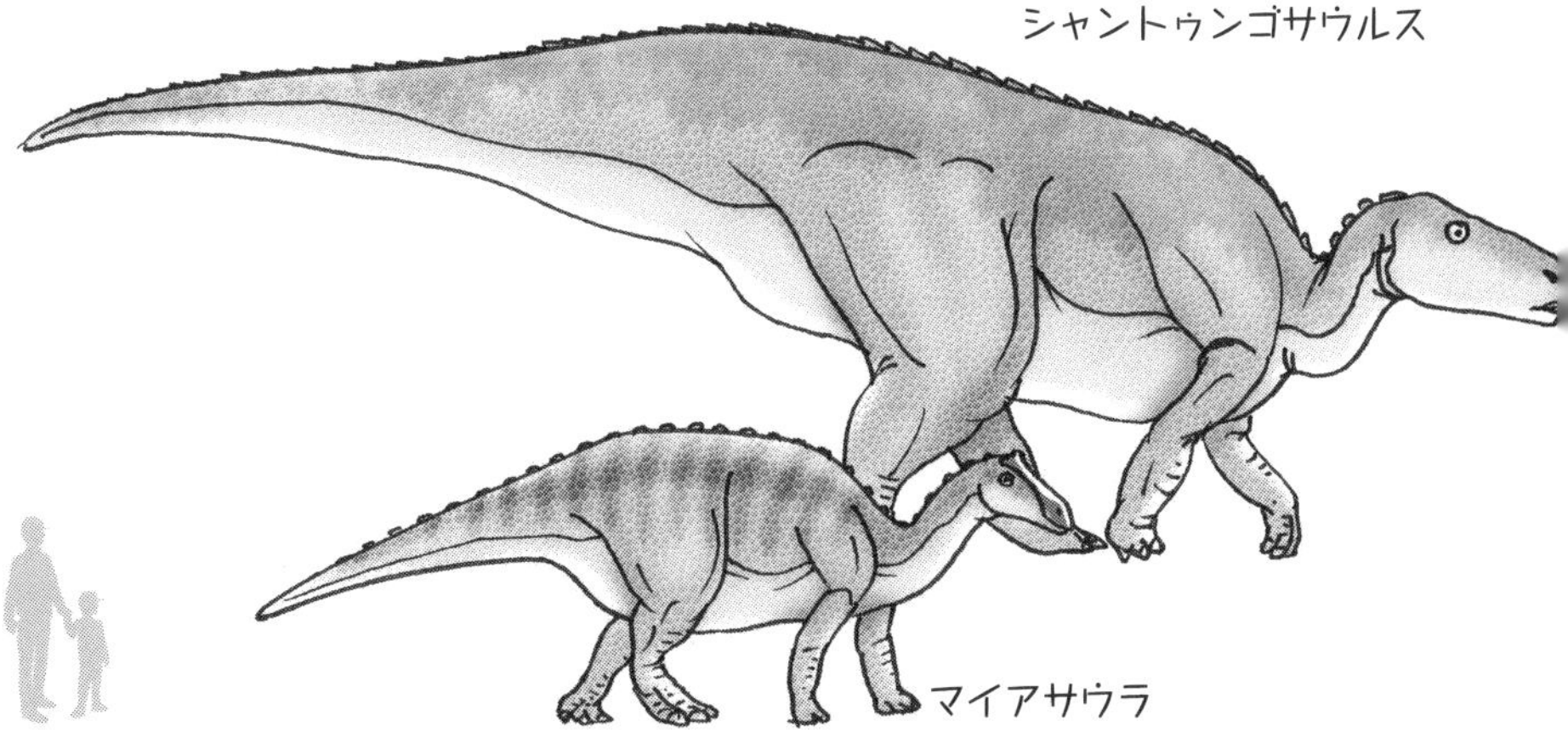

中国《ちゅうごく》からはるばる海《うみ》をわたってやって来《き》た本物《ほんもの》をひと目見《めみ》ようと、おおぜいの人《ひと》たちがおしかけました。

シャントゥンゴサウルスは、中国《ちゅうごく》の山東省《さんとうしょう》莱陽県《らいようけん》で発見《はっけん》された、世界《せかい》でもっとも大《おお》きなカモノハシリュウです。

頭《あたま》から尾《お》の先《さき》までの長《なが》さが一五メートル、立《た》ったときの高《たか》さが八メートルもありました。

シャントゥンゴサウルスは、いまからおよそ九〇〇〇万年前《まんねんまえ》（中生代《ちゅうせいだい》・白亜紀《はくあき》）にすんでいたきょうりゅうです。

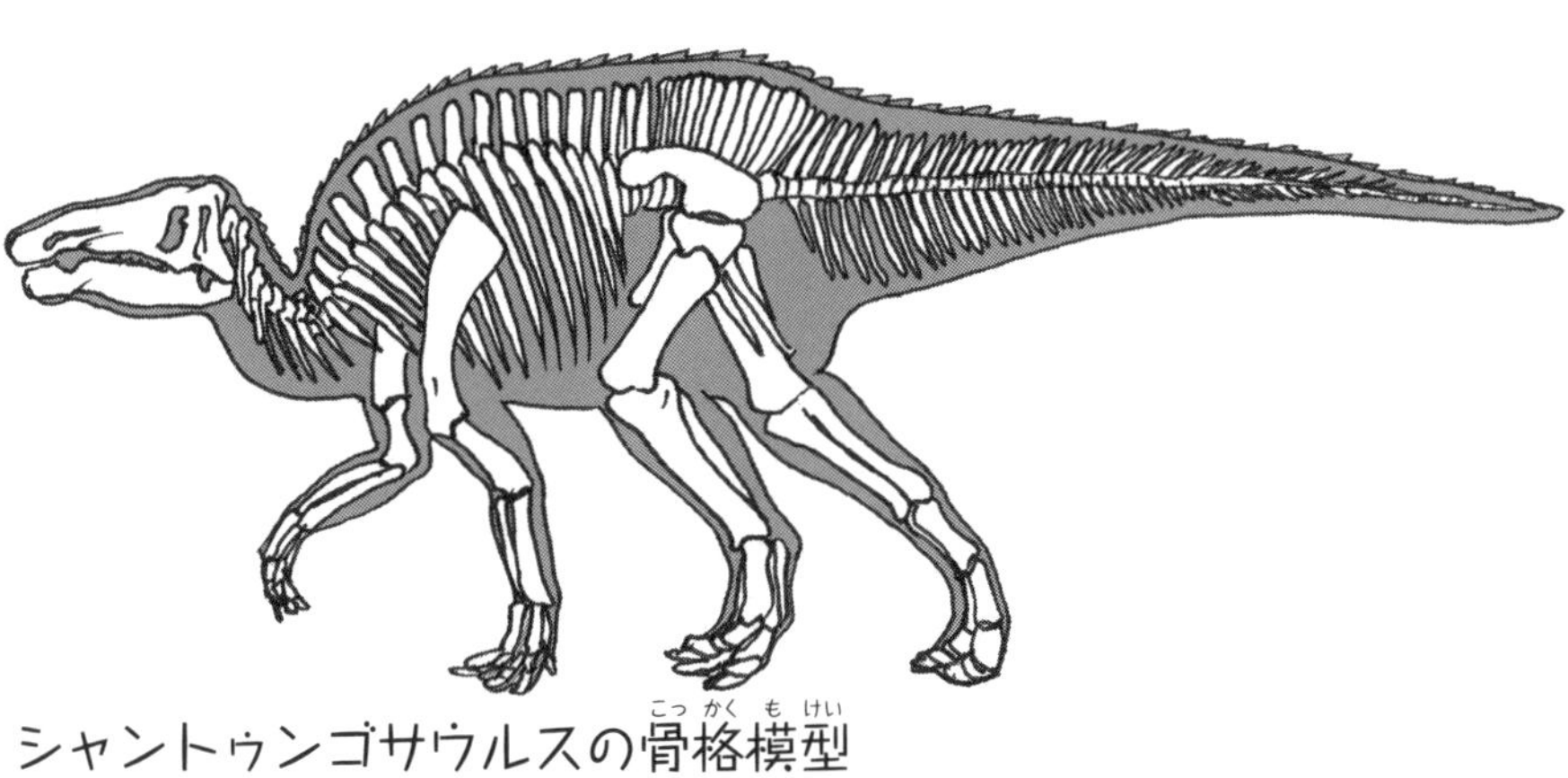

シャントゥンゴサウルスの骨格模型《こっかくもけい》

ところで、日本《にほん》でも一九八六年《ねん》に、シャントゥンゴサウルスのなかまではないかと思《おも》われる骨《ほね》の一部《ぶ》が見《み》つかり、「ヒロノリュウ」と名《な》づけられました。

場所《ばしょ》は、福島県双葉郡広野町《ふくしまけんふたばぐんひろのまち》。ただし、化《か》石《せき》はわずかな背骨《せぼね》と一本《ぽん》の歯《は》だけで、はっきりしたことはまだよくわかっていません。

また、昭和《しょうわ》のはじめに、そのころ日本領土《にほんりょうど》だった樺太《からふと》（サハリン）で、長《なが》さ三・五メートルほどの小《ち》さなカモノハシリュウが発見《はっけん》され、「ニッポノサウルス」と名《な》づけられました

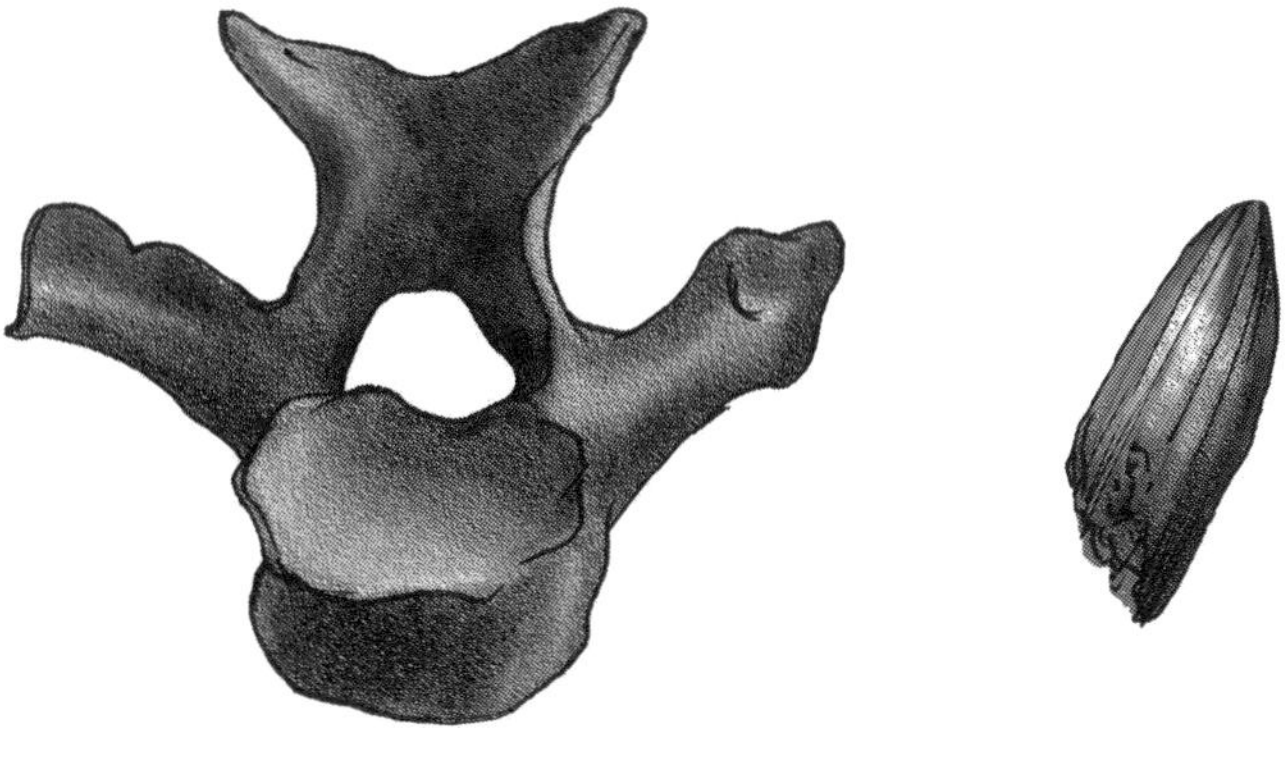

が、古生物学者《こせいぶつがくしゃ》は、つぎにのべるハドロサウルスのなかまではないかと考《かんが》えています。

アメリカやカナダでは、カモノハシリュウの化石《かせき》は、たくさん発見《はっけん》されていて、なかでも有名《ゆうめい》なのがエドモントサウルスと、ハドロサウルスです。

およぐことができたか

エドモントサウルスは、アメリカ北部《ほくぶ》のモンタナ州《しゅう》やニュージャージー州《しゅう》、そしてカナ

化石《かせき》が発見《はっけん》された主《おも》な場所《ばしょ》

ダのアルバータ州《しゅう》で発見《はっけん》されています。アルバータ州《しゅう》・エドモントン層《そう》からほり出《だ》されたのでその名《な》まえがつけられました。アナトティタン（「巨大《きょだい》なカモ」の意《い》）もおなじなかまです。

大《おお》きいのは一三メートルもありました。

一九〇七年《ねん》に、アメリカのカンザス州《しゅう》で発《はっ》見《けん》されたアナトティタンは、「ミイラ化石《かせき》」とよばれるめずらしいものでした。

ひふの一部《ぶ》と、手《て》の指《ゆび》、うしろ足《あし》の指《ゆび》には水《みず》かきがあり、尾《お》には、ワニのようにがんじ

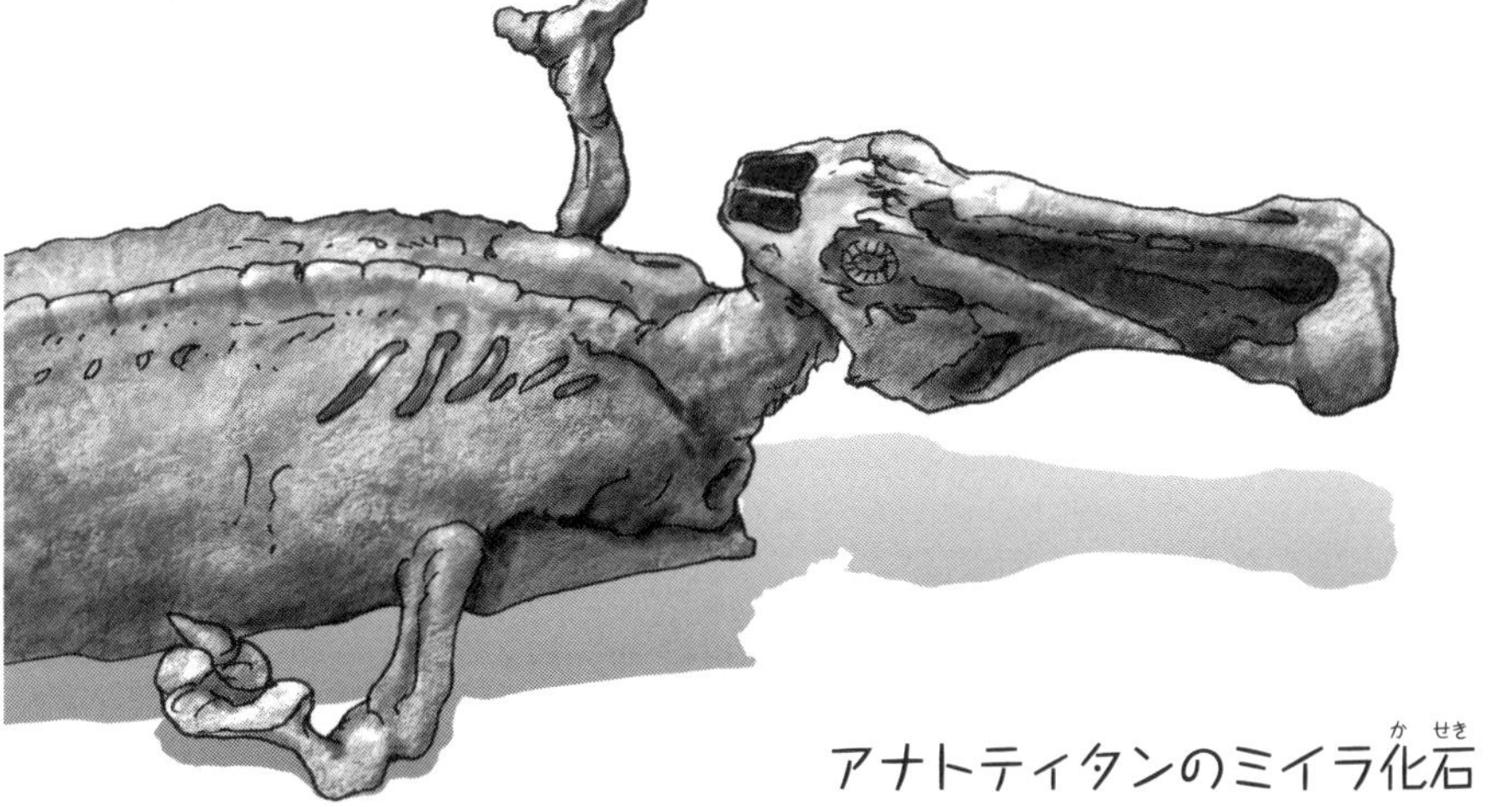

アナトティタンのミイラ化石《かせき》

ようなきん肉《にく》があることがわかりました。

この発見《はっけん》によって、カモノハシリュウのなかまは、水中《すいちゅう》でおよいだ、と思《おも》われていたのです。

ところが、のちになって、古生物学者《こせいぶつがくしゃ》のバッカー博士《はかせ》は、この水《みず》かきのように見《み》える指《ゆび》のあいだのまくは、水《みず》かきではなく、かわいたところを歩《ある》くとき、足《あし》のうらを守《まも》るための、ひふのふくろだ、という考《かんが》えをあきらかにしました。

そのうえ胃《い》ぶくろからは、松《まつ》の葉《は》や、マツ

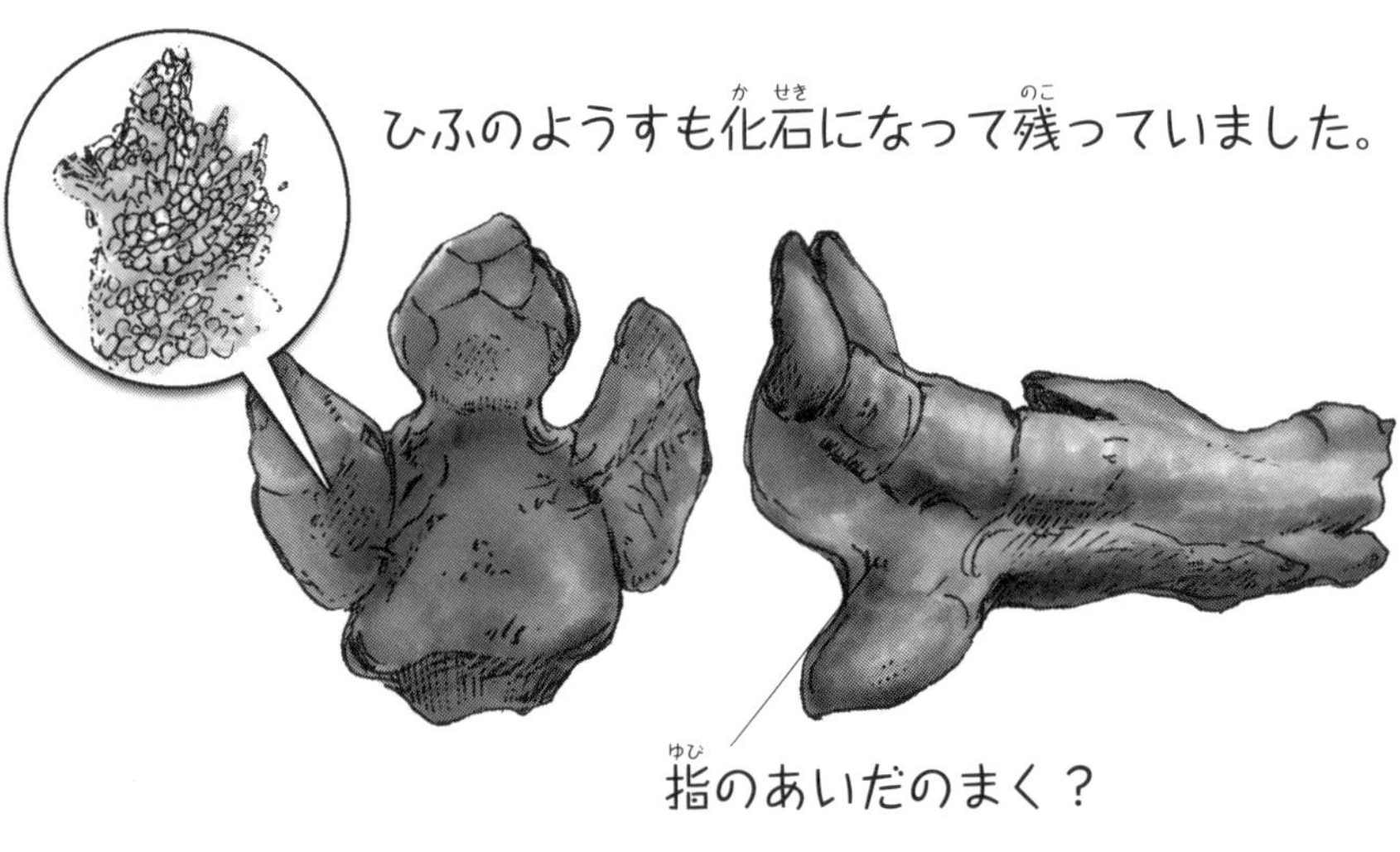
ひふのようすも化石《かせき》になって残《のこ》っていました。
指《ゆび》のあいだのまく？

カサ、ポプラの葉《は》、草《くさ》や木《き》のたねなども見《み》つかり、どんなものを食《た》べていたかも、わかりましたが、水草《みずくさ》はありませんでした。

もし、それが正《ただ》しいとすると、カモノハシリュウがおよいだという話《はなし》は、なりたたなくなってしまいますね。

ハドロサウルスは、大《おお》きなトカゲという意《い》味《み》で、大《おお》きいのは一〇メートルもあり、目《め》の前《まえ》に太《ふと》いコブがありました。エドモントサウルスとおなじ、白亜紀《はくあき》の終《お》わりごろに、アメリカやカナダにすんでいました。

トサカをもったきょうりゅう

つぎに、頭《あたま》にパイプのようなトサカをもったカモノハシリュウのなかまについて、しょうかいします。

このなかまには、この本《ほん》のものがたりの主《しゅ》人公《じんこう》、パラサウロロフスのほか、コリトサウルス、ヒパクロサウルス、ランベオサウルス、チンタオサウルスなどがいました。

そのほかにも、頭《あたま》のうしろにトゲのように

つき出《で》たサウロロフスという、カモノハシリュウもいましたが、サウロロフスの頭《あたま》のトゲは、中《なか》がからになっていませんでした。

一九八一年《ねん》の夏《なつ》、東京《とうきょう》をはじめ、日本《にほん》の各《かく》地《ち》で「中国恐竜展《ちゅうごくきょうりゅうてん》」がひらかれましたが、そのとき、チンタオサウルス（「青島《チンタオ》のトカゲ」という意味《いみ》）の全身《ぜんしん》の骨《ほね》がかざられ、みんなをびっくりさせました。

チンタオサウルスは、先《さき》にあげたシャントゥンゴサウルスとおなじ、中国山東省《ちゅうごくさんとうしょう》の莱陽《らいよう》県《けん》で発見《はっけん》された、たいへんめずらしいカモノ

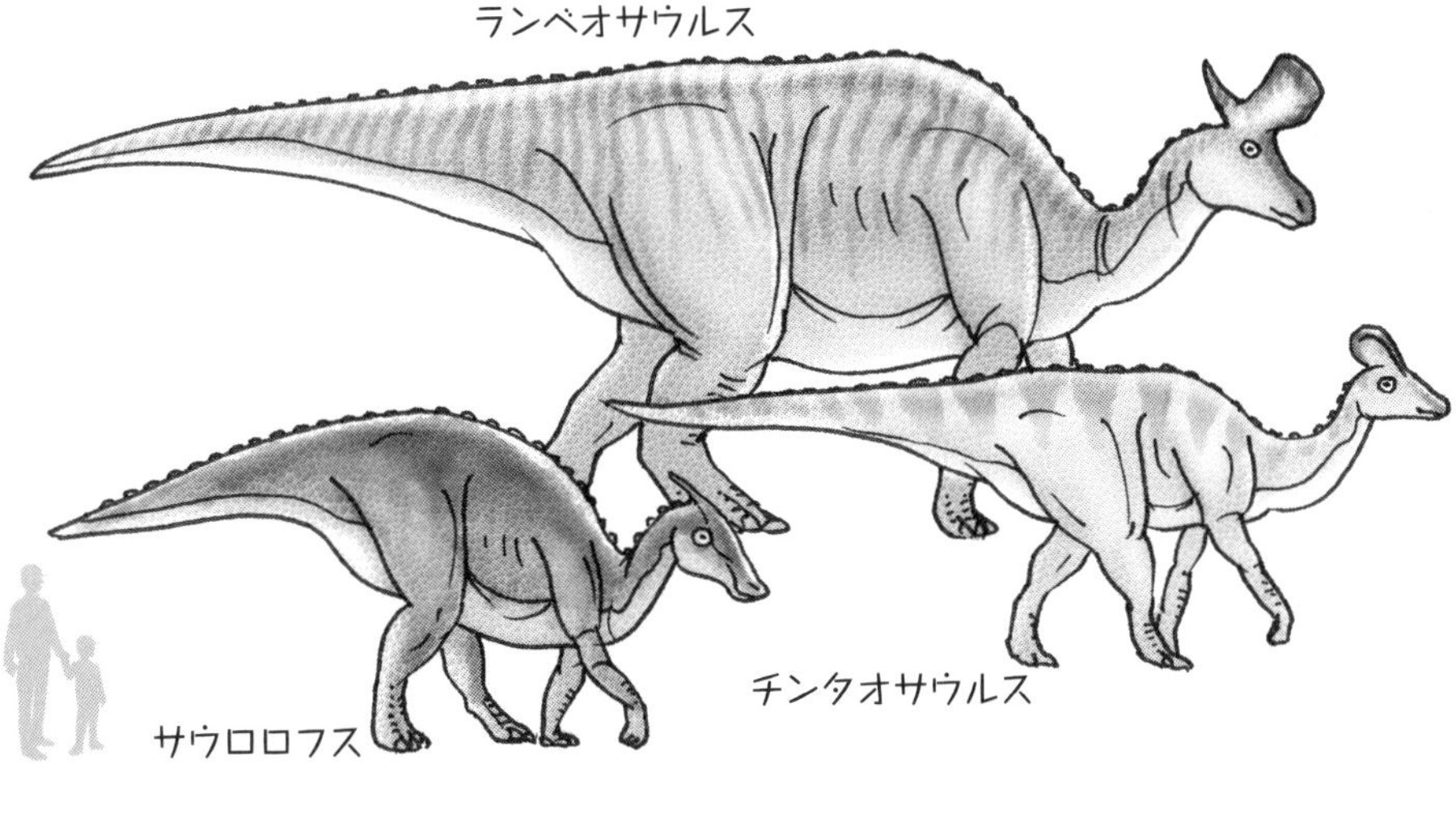

ハシリュウです。

このきょうりゅうは全長《ぜんちょう》が一〇メートル、うしろ足《あし》で立《た》ちあがった高《たか》さは六メートルで、体《からだ》つきは、ほかのカモノハシリュウに似《に》ていますが、ちがっているのは頭《あたま》にあるトサカです。

チンタオサウルスには、両方《りょうほう》の目《め》のあいだからまっすぐ上《うえ》につき出《だ》した、長《なが》いトサカがありました。このトサカの中《なか》はパイプのようにからになっており、鼻《はな》のあなにつながっていました。

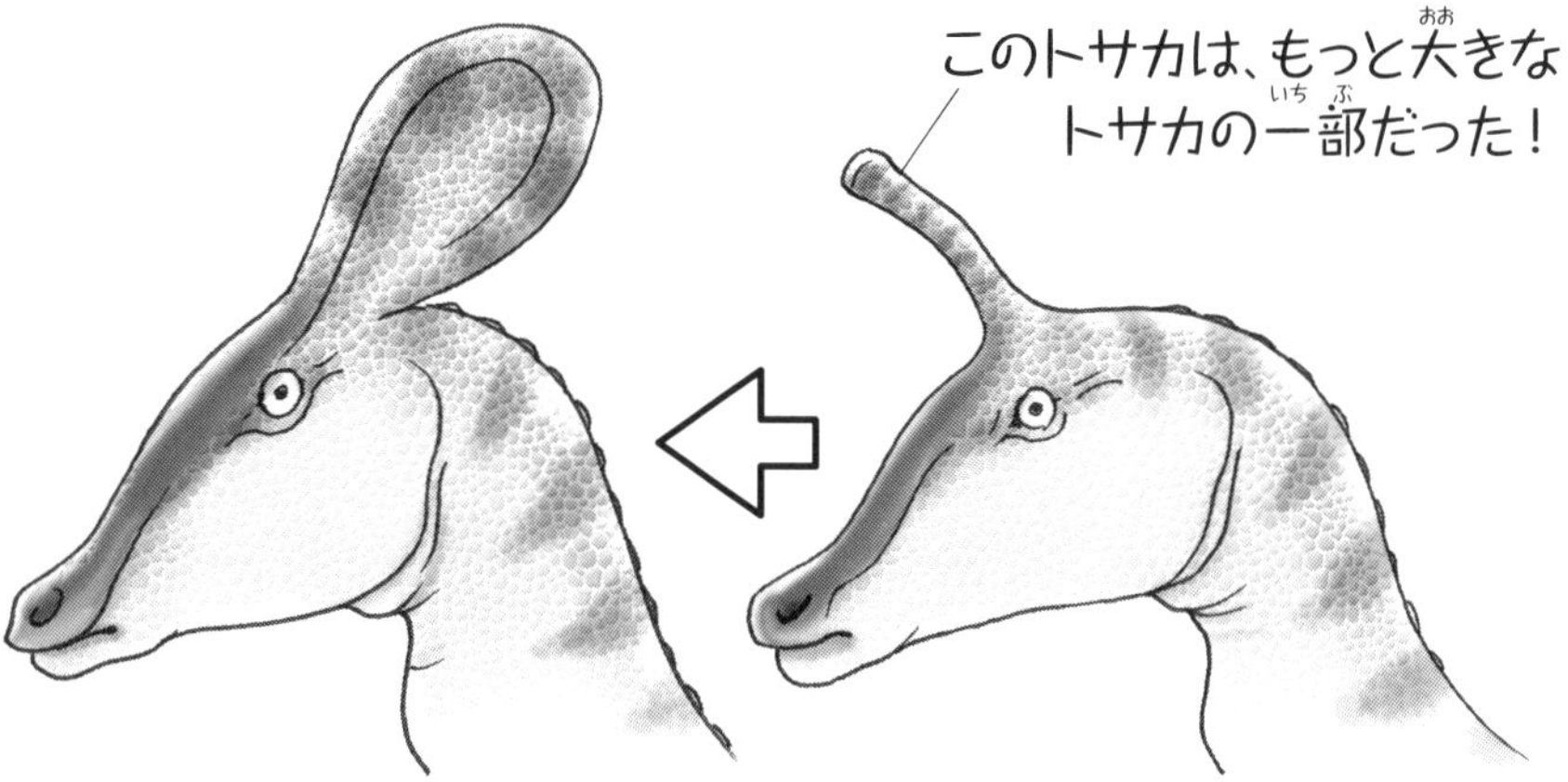

2013年《ねん》、チンタオサウルスのトサカについて、新《あたら》しい説《せつ》が出《で》てきました。

そんなことから、あとでお話《はな》しするパラサウロロフスのトサカとおなじように、水《みず》にもぐったとき、シュノーケルのような役目《やくめ》をしたのではないかと考《かんが》えられ、「ニンジャきょうりゅう」とよばれたこともありました。

でも、よく調《しら》べてみると、トサカのパイプは上《うえ》がふさがっており、シュノーケルとしては使《つか》えないことがわかりました。

だから、かりに水中《すいちゅう》にもぐったとしても、長《なが》い時間《じかん》もぐることは、とてもむりでした。

さてカモノハシリュウのトサカには、いろ

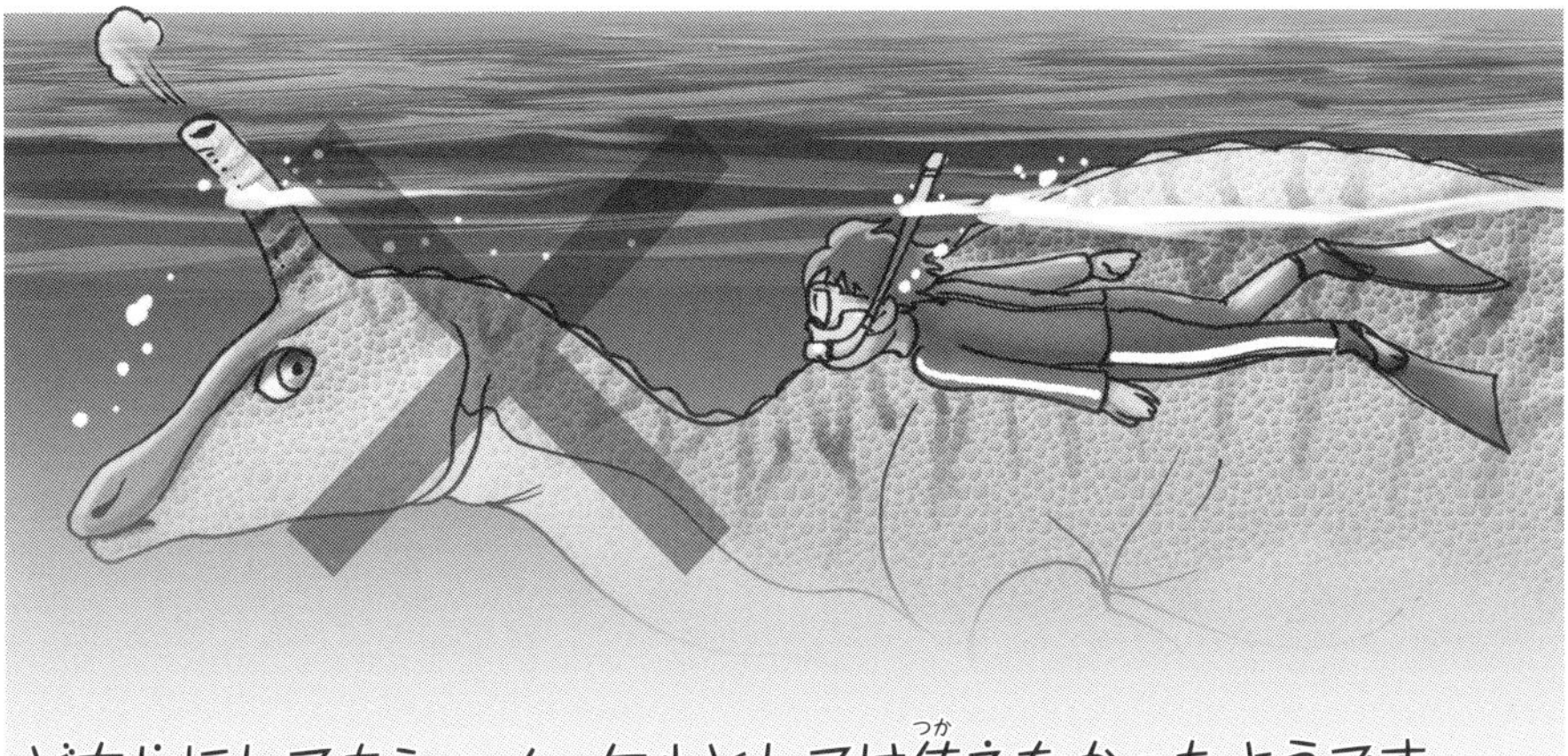
どちらにしてもシュノーケルとしては使《つか》えなかったようです。

いろと形《かたち》のちがったものがありました。

コリトサウルスのトサカは、ヒクイドリのトサカのようにヘルメットの形《かたち》をしていました。「コリトサウルス」というのは、「ヘルメットトカゲ」という意味《いみ》です。

体《からだ》の大《おお》きさは一〇メートルほどで、重《おも》さは約《やく》四トン。化石《かせき》はカナダのアルバータ州《しゅう》から発見《はっけん》されています。

この本《ほん》のものがたりでは、ちびパラが、みずうみでまいごになり、ようやく岸《きし》にたどりついたとき、そこにいたのが、コリトサウル

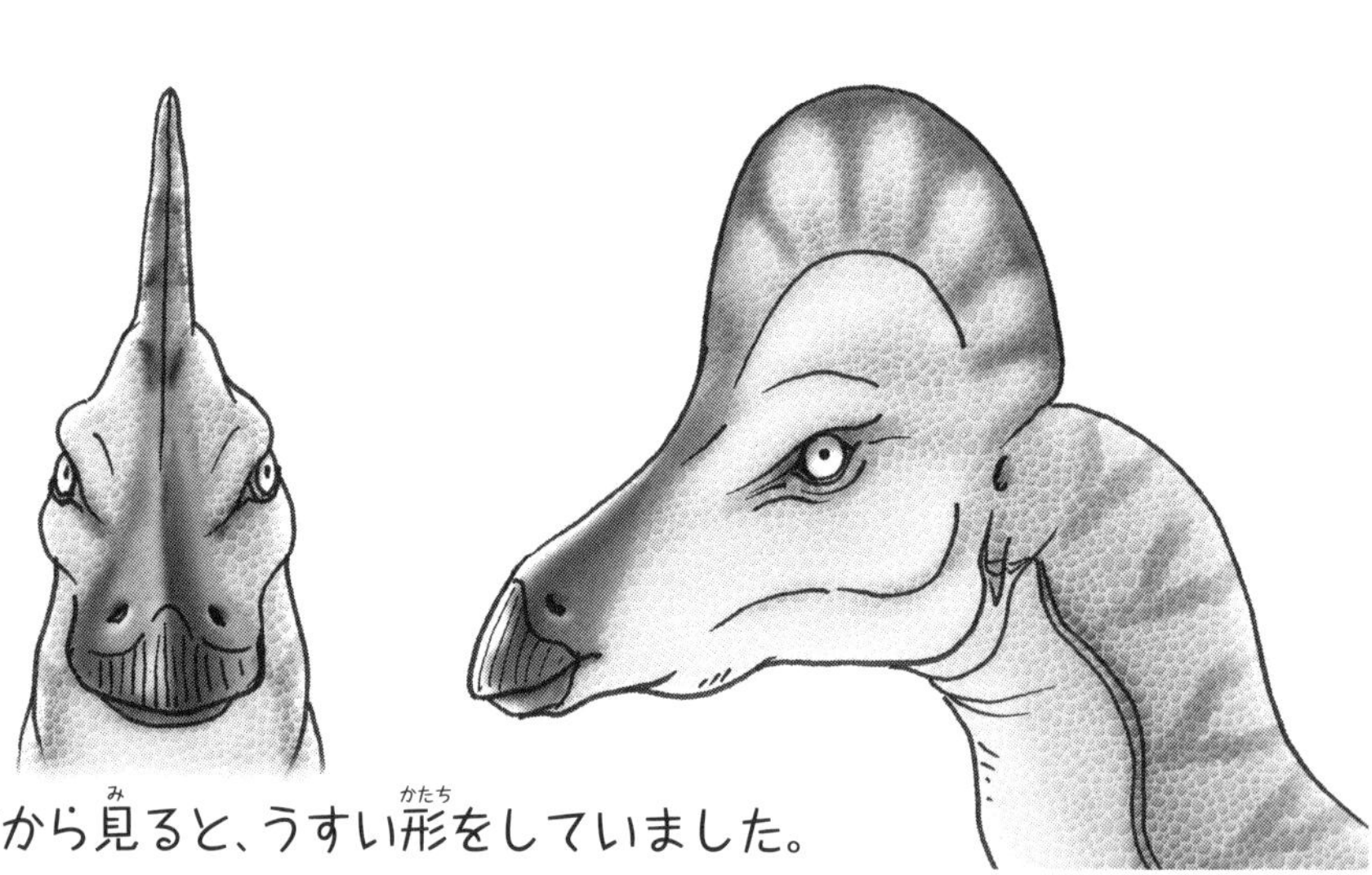

前《まえ》から見《み》ると、うすい形《かたち》をしていました。

スでした。

コリトサウルスたちは、ちびパラをなぐさめ、めすがちびパラの鼻《はな》をなめて、「よしよし、きっとみずうみをわたるとちゅうで、まいごになったのね。しんぱいしなくていいよ。わたしたちが、なかまをさがしてあげるからね」といいましたね。

ところが古生物学者《こせいぶつがくしゃ》のなかには、コリトサウルスというのは、じつはパラサウロロフスのめすなのだ、という意見《いけん》がありました。

もしそうだとすると。おとうさんがパラサ

ヒクイドリも、よく似《に》た形《かたち》のトサカをもっています。

ウロロフスで、おかあさんがコリトサウルス。つまり、トサカの形《かたち》によって、おす、めすがちがうということになります。

でも、研究《けんきゅう》が進《すす》むにつれて、それはどうやらまちがいであることが、わかりました。

ただし、おなじなかまでも、おすとめす、おとなと子《こ》どもでは、その形《かたち》がいくらかちがっていました。

下《した》の図《ず》を見《み》てください。(1)(2)(3)ともに、ランベオサウルスの頭《あたま》のトサカです。(1)がおす、(2)がめす、そして(3)が子《こ》どもです。

(3) (2) (1)

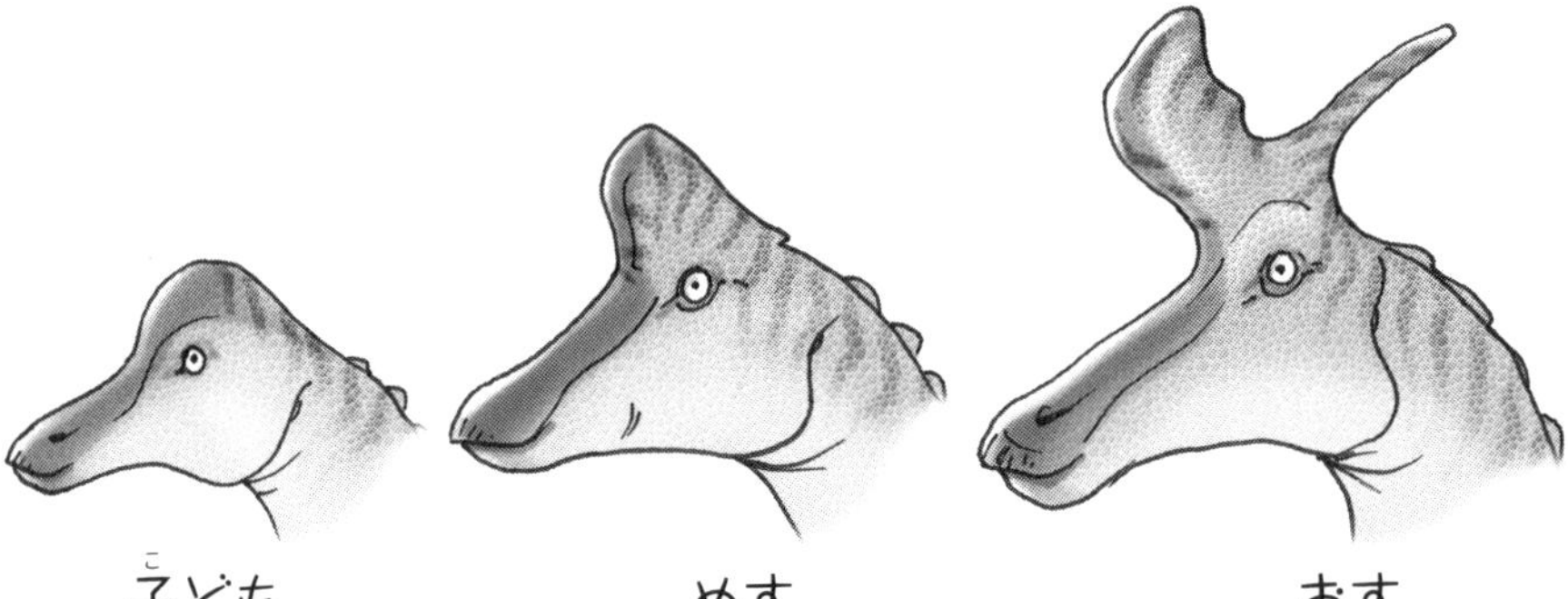

子《こ》ども　めす　おす

ランベオサウルスのおすのトサカは、ちょうどマサカリのような形《かたち》をしていますが、めすは、おすにある、うしろにとがったつき出《だ》しはありませんし、子《こ》どもは、コリトサウルスのトサカに似《に》ています。

ランベオサウルスは、カモノハシリュウのなかでは、大《おお》きな体《からだ》つきをしており、長《なが》さはなんと一五メートルもありました。

つぎに、ヒパクロサウルスについて、お話《はな》ししましょう。

ヒパクロサウルスは、カナダのアルバータ

ヒパクロサウルスの復元模型《ふくげんもけい》

州《しゅう》で発見《はっけん》された、トサカの形《かたち》がコリトサウルスに似《に》たきょうりゅうです。体《からだ》の長《なが》さは、およそ九メートル、体重《たいじゅう》は約《やく》四トンでした。

ヒパクロサウルスは四つ足《あし》ではあるが、子《こ》どものときや急《いそ》ぐときには、カンガルーのように、よく発達《はったつ》したうしろ足《あし》と、ふとい尾《お》ではずみをつけて、ぴょんぴょん、はねるようにして歩《ある》いたり走《はし》ったりしていた（図《ず》①）のではないか、と古生物学者《こせいぶつがくしゃ》はいいます。

この絵《え》を見《み》ると、なんとなく、カンガルーを思《おも》いだしますね。カモノハシリュウのなか

①

まは、みんなこの絵《え》のように、四つ足《あし》で走《はし》ったり、図《ず》②のようにうしろ足《あし》で立《た》ったと、いまでは考《かんが》えられています。

パラサウロロフス

いよいよ、この本《ほん》の主人公《しゅじんこう》であるパラサウロロフスについて、お話《はなし》をしなければなりません。

パラサウロロフスということばは、前《まえ》にちょっとだけふれたサウロロフス（「つき出《だ》し

②

のあるトカゲ」の意《い》）に「近《ちか》い」という意味《いみ》です。

サウロロフスは、頭《あたま》のうしろからつき出《だ》した、とげをもっていましたが、そのとげのなかは、パイプのようなからではありませんでした。いっぽう、パラサウロロフスのほうには、頭《あたま》から長《なが》さが二メートルほどものびた、長《なが》いパイプのトサカがありました。

だから、サウロロフスとくらべて、ちがっている、という意味《いみ》なのです。

パラサウロロフスの骨《ほね》の化石《かせき》は、カナダの

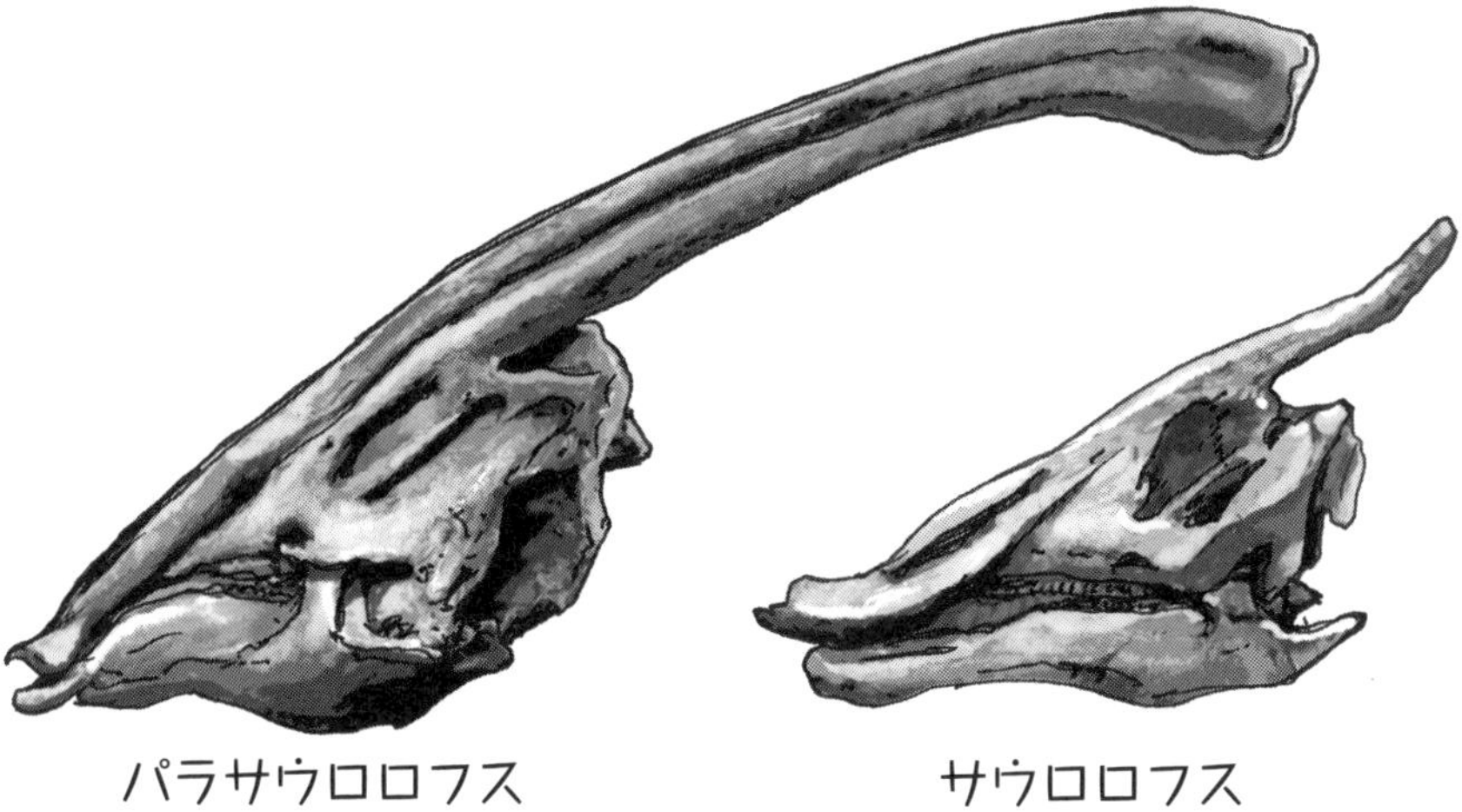

パラサウロロフス

サウロロフス

アルバータ州《しゅう》や、アメリカのユタ州《しゅう》などから発見《はっけん》されており、体《からだ》の長《なが》さは一〇～一三メートル、体重《たいじゅう》は四トンほどの大《おお》きさでした。

ほかのカモノハシリュウとおなじように、およそ八〇〇〇万年前《まんねんまえ》から六五〇〇万年前《まんねんまえ》ごろの白亜紀《はくあき》の終《お》わりに、北《きた》アメリカを中心《ちゅうしん》にすんでいました。

ところで、パラサウロロフスのなかまたちについている頭《あたま》のトサカは、いったいなんの役割《やくわり》をしたのでしょう。

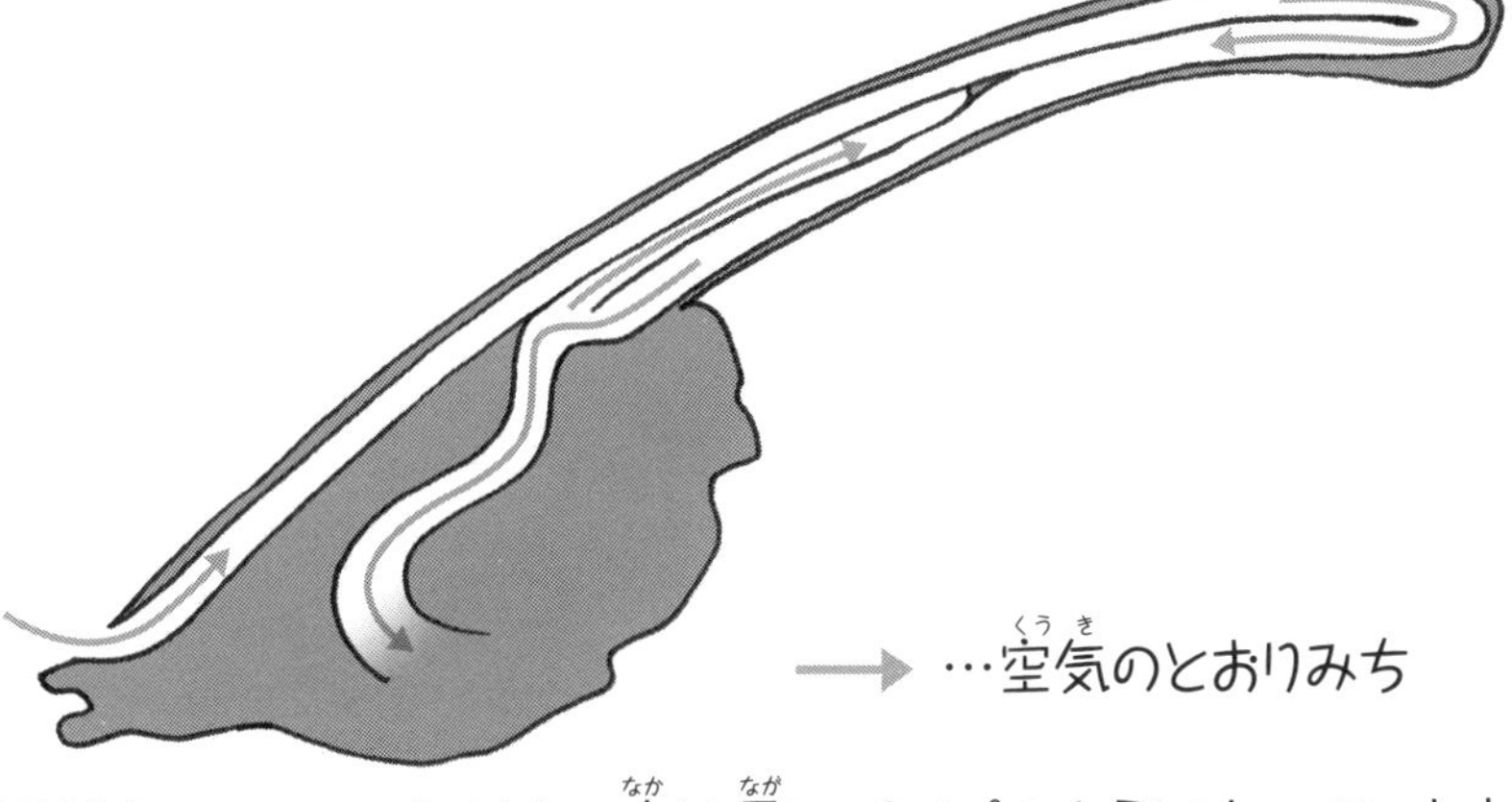

パラサウロロフスのトサカの中《なか》は長《なが》いパイプのようになっています。

トサカの役目《やくめ》

先《さき》ほど、チンタオサウルスのところでお話《はな》ししたように、カモノハシリュウの長《なが》いトサカは、水中《すいちゅう》にもぐるときのシュノーケルのような役目《やくめ》をした、と考《かんが》えられていましたが、いまでは、それはまちがいであることがわかりました。

また、水《みず》にもぐるとき、長《なが》いパイプに空気《くうき》をためて、水《みず》の中《なか》で呼吸《こきゅう》するときに使《つか》ったの

ではないか、という考《かんが》えもありましたが、かりにそうだとしても、それはわずかの量《りょう》にすぎず、長《なが》いあいだ水中《すいちゅう》にもぐることはできなかったこともわかっています。

ものがたりの中《なか》で、パパパラとちびパラが水《みず》にもぐるれんしゅうをしますが、それは、ちょっとのあいだ水中《すいちゅう》にかくれるのと、ワニなど、水中《すいちゅう》からおそってくる敵《てき》を、見《み》はるためにすぎません。

だからといって、カモノハシリュウが、まったくおよがなかったことにはならないでし

よう。

これまで、古生物学《こせいぶつがく》のうえでは、カモノハシリュウの手足《てあし》の指《ゆび》の水《みず》かきや、長《なが》い尾《お》は、およぐときのかいの役目《やくめ》をはたしたのではないか、といわれていました。

この本《ほん》のものがたりも、そうした考《かんが》えをとりいれて書《か》きました。

ところがいまでは、手足《てあし》は肉《にく》のクッションだったことがわかり、水《みず》かきとしては使《つか》えなかっただろう、ということがわかってきました。

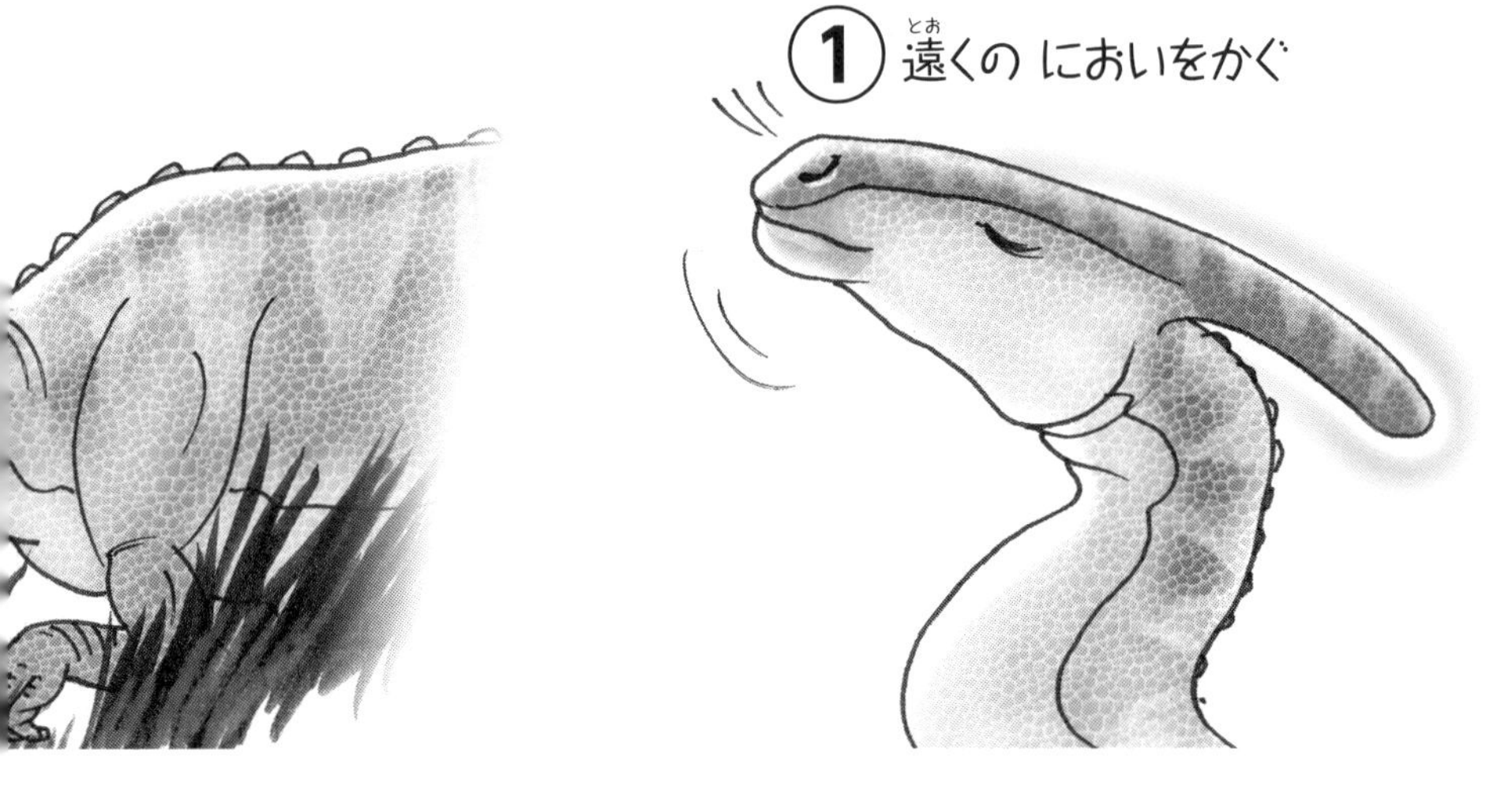

カモノハシリュウのトサカについても、さまざまな意見《いけん》があります。

まず、においをかぐための役目《やくめ》をした、という考《かんが》えです。つぎに、しげみの木《こ》の葉《は》や枝《えだ》をかきわけるためのものだ、という説《せつ》もあります。ヒクイドリというトサカをもったトリは、トサカを使《つか》って、しげみをおしわけて進《すす》みます。

カモノハシリュウのトサカは、なかまだけにつうじる音《おと》を出《だ》す共鳴器官《きょうめいきかん》だった、という意見《いけん》もあります。

②しげみをかきわける
③大《おお》きな音《おと》を出《だ》す

きけんがせまったときなどに、すばやくなかまに知《し》らせるために、トサカのパイプを使《つか》って音《おと》を出《だ》したというのです。

アメリカの古生物学者《こせいぶつがくしゃ》は、じっさいにおなじ模型《もけい》をつくり、実験《じっけん》しました。

おすがめすをよぶときに、とくべつの音《おと》を出《だ》したのだ、という人《ひと》もいます。また、音《おと》だけではなく、頭《あたま》のかざりの役目《やくめ》もしたのだという説《せつ》もあります。長《なが》いトサカは、おすがめすをひきつけるための、かざりだったのではないか、というのです。

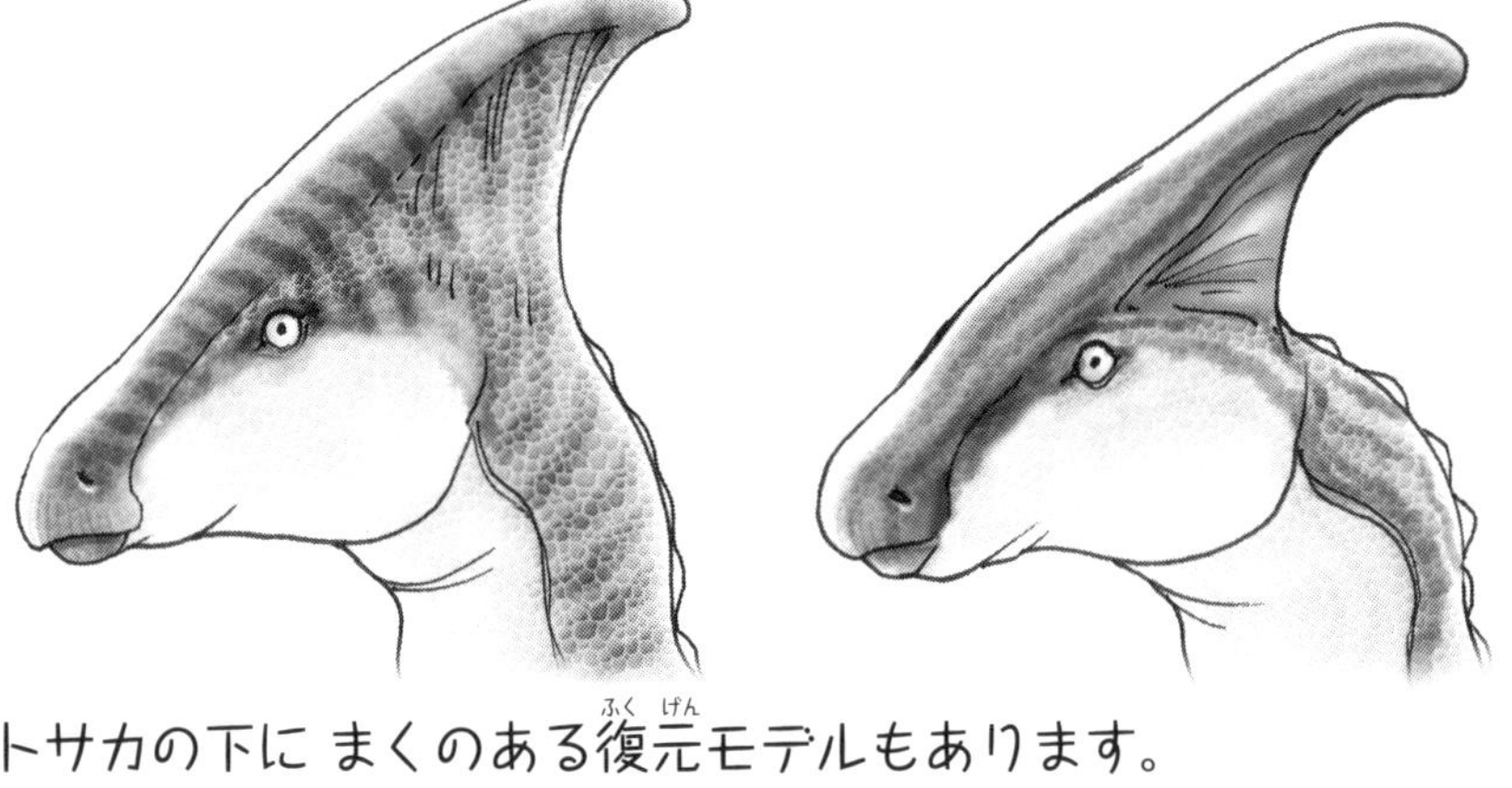

トサカの下に まくのある復元《ふくげん》モデルもあります。

これまで化石《かせき》のうえでわかったことは、おすのトサカが、めすのトサカにくらべて、だんぜん長《なが》く、トサカが長《なが》いのがおすだということです。

それにしても、そのトサカが、ほんとうはどんな役目《やくめ》をはたしたのか、だれもが知《し》りたいところです。これから研究《けんきゅう》が進《すす》むことで、いろいろとわかってくるでしょう。あなたもひとつ考《かんが》えてみてはいかがですか。

この本《ほん》のものがたりでは、パラサウロロフスは水中《すいちゅう》をおよぐことができ、しかも、ちょ

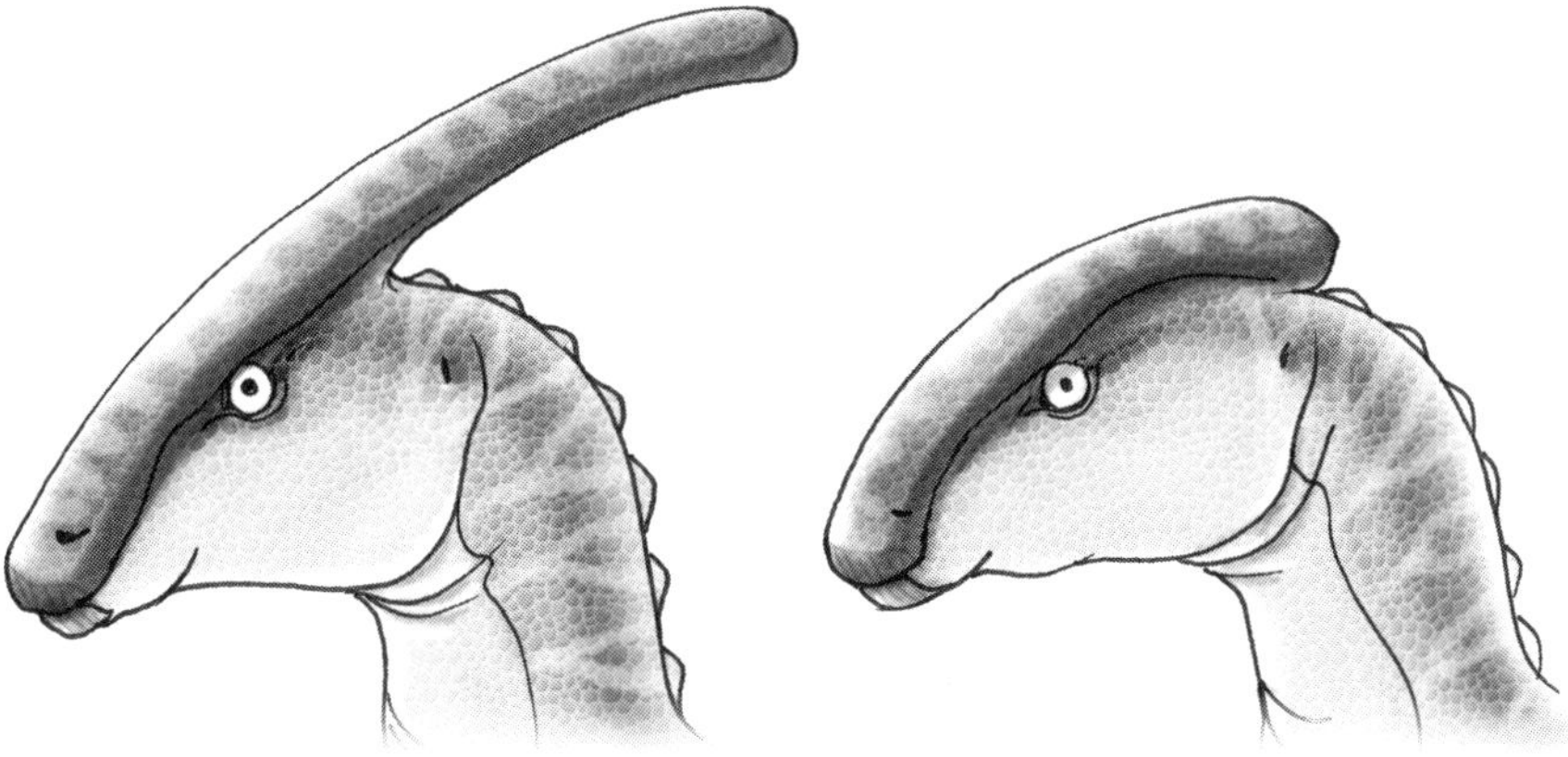

おす　めす

っとくらいは水《みず》の中《なか》にもぐれた、という考《かんが》えをとりました。

前《まえ》にも書《か》いたように、水《みず》の中《なか》へはいっておよぐいじょうは、水中《すいちゅう》の敵《てき》を見《み》はるためにも、少《すこ》しぐらいもぐることはしたでしょう。

また、頭《あたま》の上《うえ》にのびた長《なが》いトサカで音《おと》を出《だ》し、なかまをよびあった、という考《かんが》えにもとづいて、ダスプレトサウルスをやっつけたとき、みんなでトサカのラッパをふきならすところが出《で》てきましたね。

はたして、そうであったかどうかはわかり

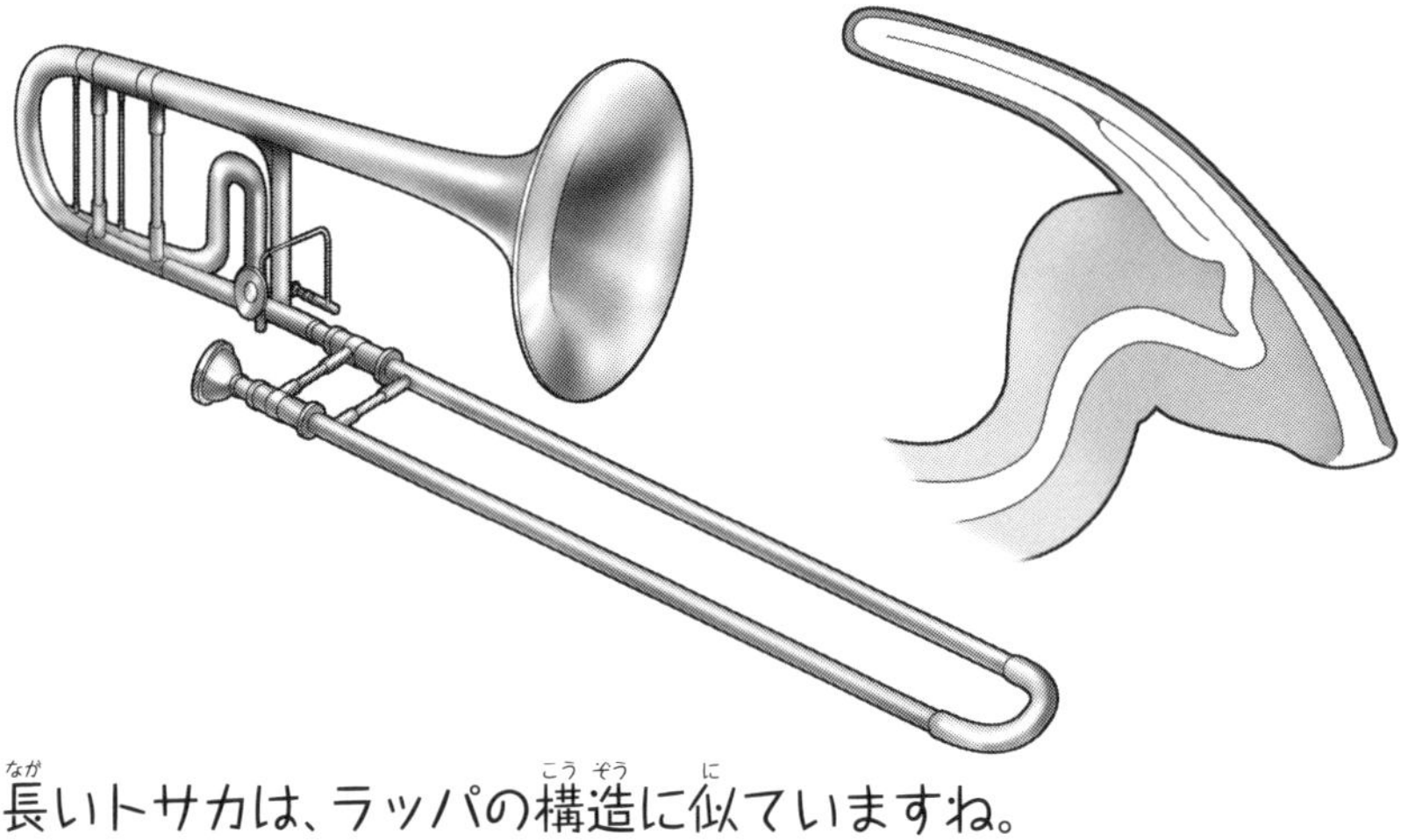

長《なが》いトサカは、ラッパの構造《こうぞう》に似《に》ていますね。

ません。あくまでも、お話《はなし》と思《おも》っていただきましょう。

それにしても、おなじカモノハシリュウの中《なか》に、いろいろとちがったトサカのきょうりゅうがいたことは、なんとも、おもしろく、ふしぎですね。

カモノハシリュウは、いまでは陸上《りくじょう》でくらし、草《くさ》を食《た》べたきょうりゅうと考《かんが》えられていますが、草《くさ》だけでなく、ときには水中《すいちゅう》の巻貝《まきがい》や、カラス貝《がい》なども食《た》べたのではないか、とも考《かんが》えられています。

カモノハシリュウの色々《いろいろ》な形《かたち》のトサカ

たとえば、中国《ちゅうごく》で発見《はっけん》されたシャントゥンゴサウルス（山東竜《さんとうりゅう》）は、生《い》きていたときの体重《たいじゅう》は、おとなでだいたい一六トンくらいの重《おも》さだったと推定《すいてい》されています。

そして、その大《おお》きな体《からだ》をたもつためには、一日《にち》に二五〇キログラムくらいの食《た》べものが必要《ひつよう》だったのではないか、と計算《けいさん》されているのです。

骨《ほね》の化石《かせき》のそばには、巻貝《まきがい》や、カラス貝《がい》などもも見《み》つかっており、中国《ちゅうごく》の古生物学者《こせいぶつがくしゃ》は、シャントゥンゴサウルスは、ひょっとしたら、

水《みず》にもぐって、そんな貝《かい》を食《た》べたのではないか、と書《か》いています。

水《みず》べにすむきょうりゅう

さいごに、この本《ほん》のものがたりに登場《とうじょう》した、アーケロンとダスプレトサウルス、それにデイノスクスについて、ふれておきましょう。

アーケロンは、パラサウロロフスとおなじころに、北《きた》アメリカにすんでいたカメです。

カメはヘビやワニとおなじように、きょう

アーケロンの復元模型《ふくげんもけい》

りゅうが、すっかりほろんでしまったあとも、ほろぶことなく、いまにいたるまで、ずっと地球上《ちきゅうじょう》に子孫《しそん》をのこしつづけてきたはちゅう類《るい》です。

アーケロンは「古代《こだい》のカメ」という意味《いみ》で、形《かたち》もいまのウミガメに似《に》ていました。しかし、大《おお》きさはこれまでのカメではもっとも大《おお》きくて、体長《たいちょう》四メートル、重《おも》さは二トンもありました。

前足《まえあし》は長《なが》く、水《みず》かきのひれになっていました。うしろ足《あし》は前足《まえあし》にくらべて丸味《まるみ》をおび、

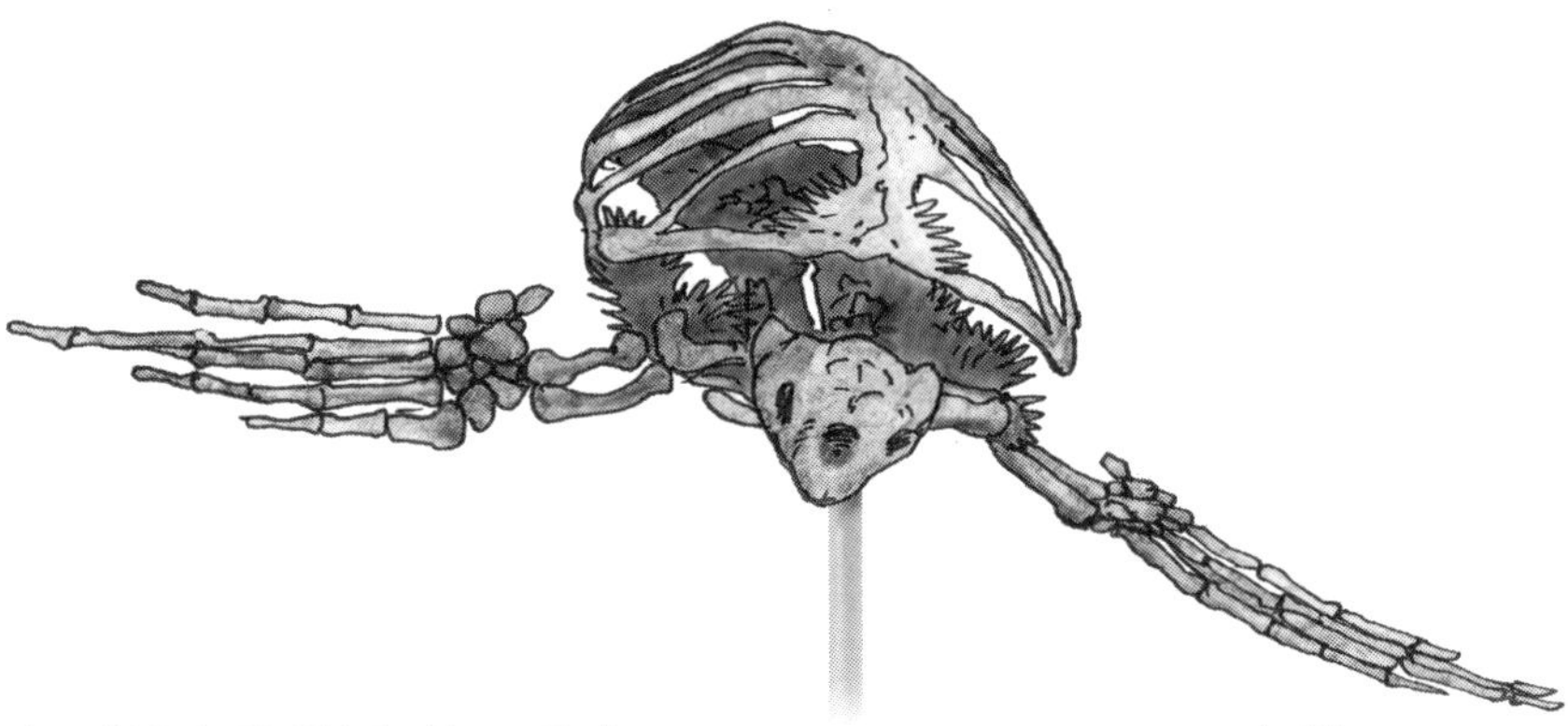

福井県立恐竜博物館《ふくいけんりつきょうりゅうはくぶつかん》に展示《てんじ》されているアーケロンの化石《かせき》

尾《お》は、長《なが》くてしっかりしていました。

およぎもすばやく、ものがたりにもあったように、おばけワニのディノスクスのしゅうげきを、もののみごとにかわして、にげることもできたでしょう。

ただ、手足《てあし》をこうらのなかにひきこむことができなかったようで、敵《てき》におそわれたらしい、ひれの欠《か》けた化石《かせき》も発見《はっけん》されています。

いっぽう、ディノスクスは「おそろしいワニ」という意味《いみ》で、パラサウロロフスのいた白亜紀《はくあき》に、地球上《ちきゅうじょう》にいた巨大《きょだい》なワニです。そ

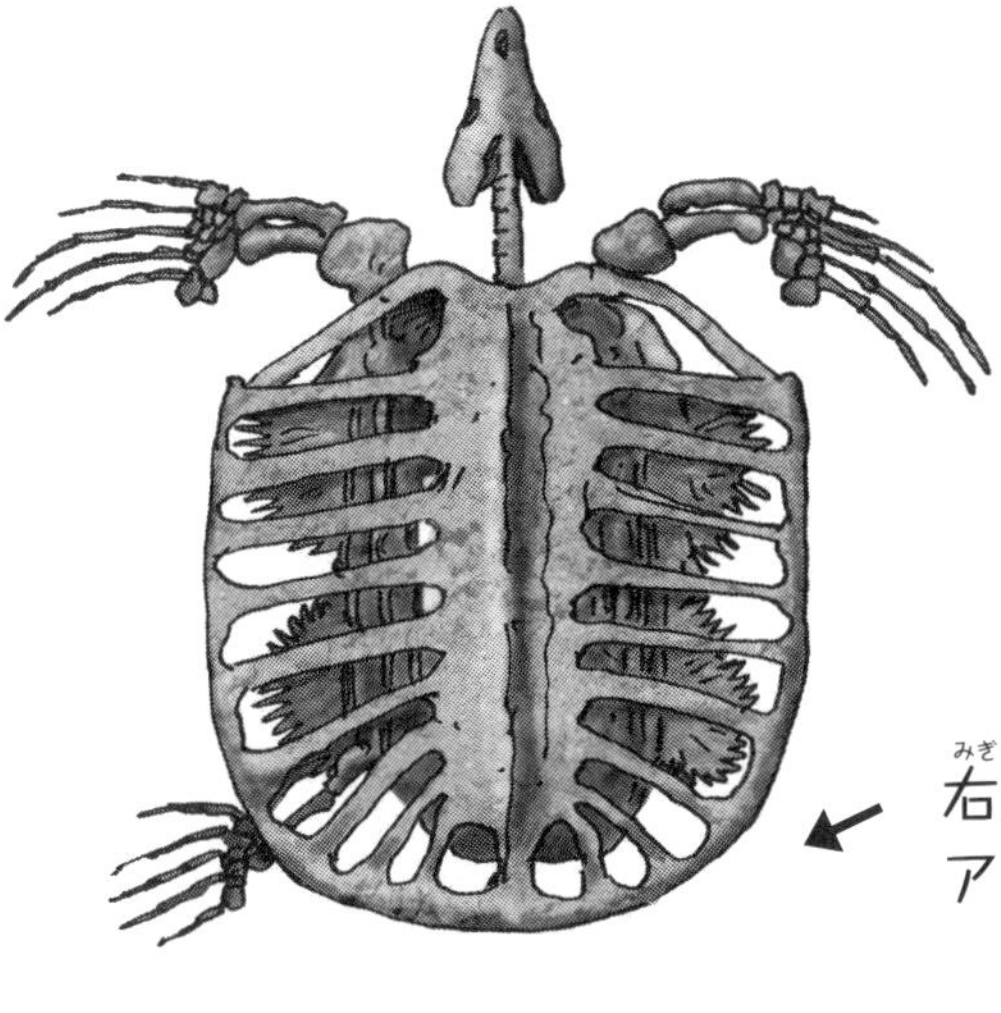

右足《みぎあし》の欠《か》けた
アーケロンの化石《かせき》

の骨《ほね》はアメリカやヨーロッパで発見《はっけん》されています。

形《かたち》は、いまのクロコダイルに似《に》ていますが、大《おお》きさがだんぜんちがいます。体長《たいちょう》は一五メートルもあるものもいたようで、沼《ぬま》やみずうみのほとりにすんで、えものをねらいました。

体《からだ》の大《おお》きさでは、パラサウロロフスより、ずっと大《おお》きかったこのおばけワニは、水《みず》の中《なか》の魚《さかな》はもちろんのこと、水《みず》べや水中《すいちゅう》の草《くさ》を食《た》べてくらしていた、カモノハシリュウたちをねらったことでしょう。

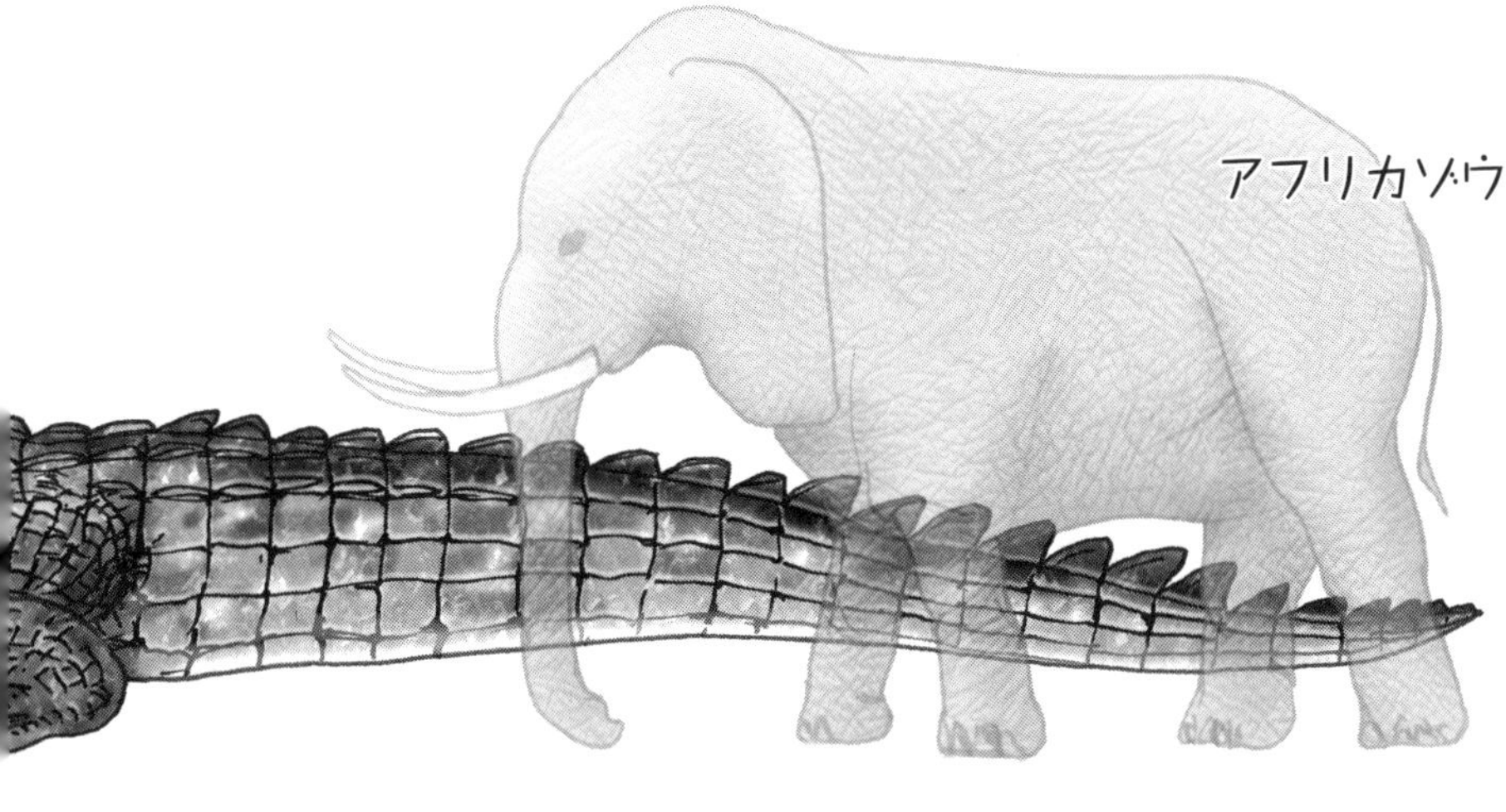

なにしろ、頭《あたま》の長《なが》さだけでも二メートルほどもあるこのワニにおそわれたら、それこそパラサウロロフスは、ひとたまりもなくやられたにちがいありません。

まさに、水中《すいちゅう》ギャングにふさわしい、おそろしい相手《あいて》でした。

パラサウロロフスなどのカモノハシリュウたちは、陸地《りくち》にいるティラノサウルスやゴルゴサウルス、ダスプレトサウルスからうまくのがれ、水中《すいちゅう》ににげても、つぎには、このおそろしいギャングワニのデイノスクスが待《ま》ち

デイノスクスの復元模型《ふくげんもけい》

うけています。

たたかう武器《ぶき》を身《み》につけていない、カモノハシリュウたちにとって、それこそ、どこにいても、あんしんできない毎日《まいにち》のくらしだったにちがいありません。

カモノハシリュウがいたころの北《きた》アメリカには、有名《ゆうめい》なティラノサウルスやゴルゴサウルス、アルバートサウルスとならんで、おそろしいあばれんぼうがいました。

それが、この本《ほん》のものがたりに登場《とうじょう》するダスプレトサウルス（「おそろしいトカゲ」と

ダスプレトサウルスの復元模型《ふくげんもけい》

体《からだ》は小《ちい》さめですが、ガッシリとした体型《たいけい》でした。

いう意味《いみ》）です。

ダスプレトサウルスは、ゴルゴサウルスとおなじ、カナダのアルバータ地方《ちほう》から骨《ほね》の化石《かせき》が見《み》つかりました。

体長《たいちょう》は、およそ九メートルで、ティラノサウルスの一二メートルにくらべて、やや小《ちい》さく、ゴルゴサウルスとおなじくらいの大《おお》きさで、形《かたち》もゴルゴサウルスに似《に》ています。

ナイフのようにするどくとがった歯《は》をむき出《だ》して、おそいかかるすがたは、想像《そうぞう》しただけでもおそろしく、パラサウロロフスたちに

ダスプレトサウルスの歯《は》の化石《かせき》

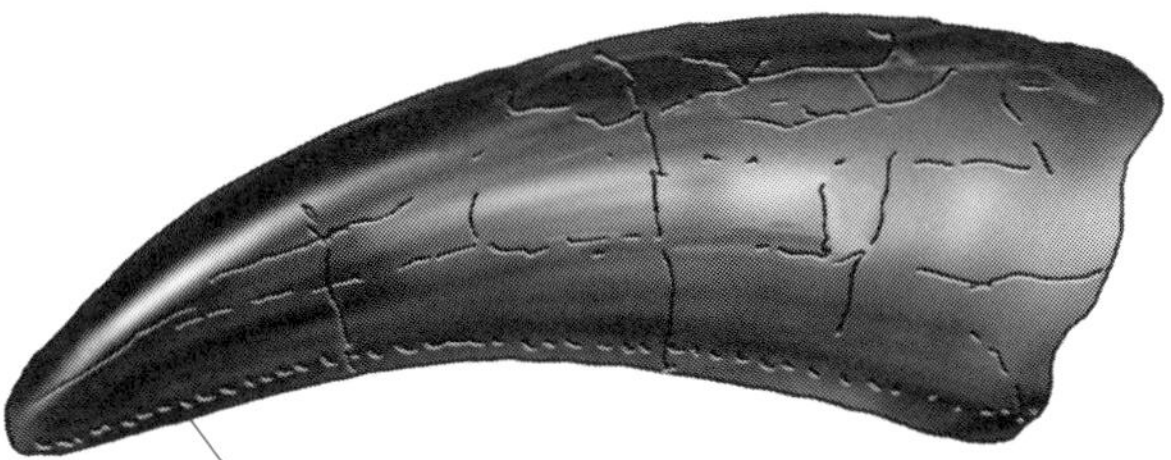

ティラノサウルスと同《おな》じように、
肉《にく》をきりさくためのギザギザがあります。

とっては、もっともいやな相手《あいて》だったにちがいありません。

そこで、ものがたりでは、パラサウロロフスのめす（かあちゃん）が、自分《じぶん》の子《こ》どもをすくうために、ダスプレトサウルスに、ぶつかり、水《みず》の中《なか》に落《お》ちたところを、みんなでやっつけるところをえがきました。

みなさんも、きっと大《おお》きな、はく手《しゅ》をおくってくださったことでしょう。

たかしよいち
1928年熊本県生まれ。児童文学作家。壮大なスケールの冒険物語、考古学への心おどる案内の書など多くの作品がある。主な著作に『埋ずもれた日本』（日本児童文学者協会賞）、『竜のいる島』（サンケイ児童図書出版文化賞・国際アンデルセン賞優良作品）、『狩人タロの冒険』などのほか、漫画の原作として「まんが化石動物記」シリーズ、「まんが世界ふしぎ物語」シリーズなどがある。

中山けーしょー
1962年東京都生まれ。本の挿絵やゲームのイラストレーションを手がける。主な作品に、小前亮の「三国志」シリーズ、「逆転！痛快！日本の合戦」シリーズなどがある。現在は、岐阜県在住。

◇本書は、2001年10月に刊行された「まんがなぞとき恐竜大行進 12 のんきだぞ！パラサウロロフス」を、最新情報にもとづき改稿し、新しいイラストレーションによってリニューアルしました。

新版なぞとき恐竜大行進
パラサウロロフス なぞのトサカをもつ恐竜

2017年4月初版
2023年2月第2刷発行

文　たかしよいち
絵　中山けーしょー
発行者　鈴木博喜
発行所　株式会社理論社
〒101-0062 東京都千代田区神田駿河台 2-5
電話［営業］03-6264-8890［編集］03-6264-8891
URL https://www.rironsha.com

企画…………山村光司
編集・制作…大石好文
デザイン……新川春男（市川事務所）
組版…………アズワン
印刷・製本…中央精版印刷
制作協力……小宮山民人

ISBN978-4-652-20198-5 NDC457 A5変型判 21cm 86P

遠いとおい大昔、およそ１億６千万年にもわたって
たくさんの恐竜たちが生きていた時代――。
かれらはそのころ、なにを食べ、どんなくらしをし、
どのように子を育て、たたかいながら……
長い世紀を生きのびたのでしょう。
恐竜なんでも博士・たかしよいち先生が、
新発見のデータをもとに痛快にえがく
「なぞとき恐竜大行進」シリーズが、
新版になって、ゾクゾク登場!!

新版 なぞとき恐竜大行進

第Ⅰ期 全5巻

①フクイリュウ　福井で発見された草食竜
②アロサウルス　あばれんぼうの大型肉食獣
③ティラノサウルス　史上最強！恐竜の王者
④マイアサウラ　子育てをした草食竜
⑤マメンチサウルス　中国にいた最大級の草食竜

第Ⅱ期 全5巻

⑥アルゼンチノサウルス　これが超巨大竜だ！
⑦ステゴサウルス　背びれがじまんの剣竜
⑧アパトサウルス　ムチの尾をもつカミナリ竜
⑨メガロサウルス　世界で初めて見つかった肉食獣
⑩パキケファロサウルス　石頭と速い足でたたかえ！

第Ⅲ期 全5巻

⑪アンキロサウルス　よろいをつけた恐竜
⑫パラサウロロフス　なぞのトサカをもつ恐竜
⑬オルニトミムス　ダチョウの足をもつ羽毛恐竜
⑭プテラノドン　空を飛べ！巨大翼竜
⑮フタバスズキリュウ　日本の海にいた首長竜